#  WINE FOLLY：看圖學葡萄酒

**瑪德琳・帕克特**
（Madeline Puckette）

**賈斯汀・哈馬克**
（Justin Hammack）

合著

 積木文化

人生苦短，莫飲劣酒虛度。

——佚名

# WINE FOLLY

# 看圖學葡萄酒

寫給葡萄酒新世代的
視覺品飲指南

瑪德琳‧帕克特
（Madeline Puckette）

賈斯汀‧哈馬克
（Justin Hammack）

合著

張一喬 譯

積木文化

VV0065

# WINE FOLLY：看圖學葡萄酒

原 書 名／Wine Folly: The Essential Guide to Wine
著　　者／瑪德琳·帕克特（Madeline Puckette）、賈斯汀·哈馬克（Justin Hammack）
譯　　者／張一喬

總 編 輯／王秀婷
責 任 編 輯／魏嘉儀

發 行 人／涂玉雲
出　　版／積木文化
　　　　　104 台北市民生東路二段 141 號 5 樓
　　　　　官方部落格：http://cubepress.com.tw/
　　　　　電話：(02) 2500-7696　　傳真：(02) 2500-1953
　　　　　讀者服務信箱：service_cube@hmg.com.tw
發　　行／英屬蓋曼群島商家庭傳媒股份有限公司城邦分公司
　　　　　台北市民生東路二段141號11樓
　　　　　讀者服務專線：(02)25007718-9　　24小時傳真專線：(02)25001990-1
　　　　　服務時間：週一至週五上午09:30-12:00、下午13:30-17:00
　　　　　郵撥：19863813　　戶名：書蟲股份有限公司
　　　　　網站：城邦讀書花園　網址：www.cite.com.tw
香港發行所／城邦（香港）出版集團有限公司
　　　　　香港灣仔駱克道193號東超商業中心1樓
　　　　　電話：852-25086231　　傳真：852-25789337
　　　　　電子信箱：hkcite@biznetvigator.com
馬新發行所／城邦（馬新）出版集團
　　　　　Cite (M) Sdn Bhd
　　　　　41, Jalan Radin Anum, Bandar Baru Sri Petaling,
　　　　　57000 Kuala Lumpur, Malaysia.
　　　　　Tel: (603) 90563833　　Fax:(603) 90576622
　　　　　email:services@cite.my

美 術 設 計　許瑞玲
內 頁 排 版　陳素芳
數 位 印 刷　凱林彩印股份有限公司

2016年9月8日 初版一刷
2023年8月1日 初版十二刷（數位印刷版）
售價／NT$650
ISBN／978-986-459-052-0（紙本／電子書）
版權所有·不得翻印

WINE FOLLY：**看圖學葡萄酒** / 瑪德
琳.帕克特(Madeline Puckette), 賈斯
汀.哈馬克(Justin Hammack)著；張
一喬譯. -- 初版. -- 臺北市：積木文化
出版：家庭傳媒城邦分公司發行, 民
105.08
　　面；　公分
譯自：Wine folly：the essential
guide to wine
ISBN 978-986-459-052-0(平裝)
1.葡萄酒 2.品酒

463.814　　　　　　　　105015358

# 目錄

# 本書簡介

喜歡葡萄酒，想要進一步瞭解這個領域嗎？
本書針對的讀者，正是需要藉助簡單明瞭的指南來克服學酒重重關卡的你。
接下來的各種實用知識，能幫助你在選酒時立即上手，
只要有本書相伴，便可毫無障礙地享用美酒佳釀。

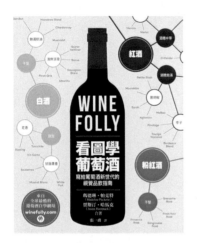

**本書的「輕薄短小」是刻意的。**
視覺圖像式的設計能方便葡萄酒迷於日常品飲隨手利用。你能在本書找到：

> 基本知識
> 如何品飲、侍酒和儲藏
> 55 種類型概要介紹
> 20 張詳細產區地圖

需要更多資訊？請上網查詢

**http://winefolly.com/book**

> 數百篇主題專文
> 教學示範影片
> 深入剖析的資源
> 海報和地圖

編注：
- 本書之品種、風味與地名均以中文譯名呈現，並在第 230～232 頁附上譯名對照表；法定產區名稱則維持原文。
- 在〈葡萄酒風格〉篇章中，奇數頁面的書眉標記了當頁談論的是酒種或葡萄品種，是查找時的好幫手；另外，書中的 aka 為英文 also known as 的縮寫，即「同樣為人所知為」，其後所接的名稱則包括了相關的品種別名或常見產區。

# 為什麼要學酒

也許你想要儲藏一些美味又物超所值的酒款，或是希望能在閱讀餐廳酒單時充滿自信。
當你感覺葡萄酒世界遠比想像中來得遼闊，就是開始學酒的契機。

超過 1,000 種釀酒葡萄品
種任君挑選……

超過 1,000 個生產獨特酒
款的產區……

每日平均 600 多款新酒款
上市……

好在只要你擁有紮實的基礎，便不會迷失在酒海之中。打好基礎能讓你在採買時明智地抉
擇，品飲時更懂得欣賞葡萄酒之美。

## 通關挑戰

完成下列關卡，你就能在選酒和品酒時，擁有更多自信。

請至少品嘗本書 55 種類型
中的 34 種（但不要一次喝
完！）。寫下精彩的**品飲
筆記**（第 21 頁）。

**12 個國家裡**（第 176～
217 頁），每個國家至少選
一種類型品嘗。

學習如何為你最喜歡的單
一品種酒款進行**盲品**（第
12～21 頁）。

# 葡萄酒基礎

# 葡萄酒的基本知識

**葡萄酒是什麼**　葡萄酒的定義、品種、產區，以及一瓶酒中有哪些成分。

**葡萄酒瓶面面觀**　飲用須知、亞硫酸鹽、各種容量瓶裝，以及不同類型的酒標。

**葡萄酒基本特性**　葡萄酒5大基本要素：酒精、酸度、單寧、甜度與酒體。

# 一瓶葡萄酒含有

**5 杯**
150 毫升（ml）／1杯

水

酒精

酸、礦物質、
甘油、糖

**1 杯**
不甜（干型）

| 10% | 11% | 12% | 13% | 14% | 15% | 16% | 酒精濃度 |
| --- | --- | --- | --- | --- | --- | --- | --- |
| 105 | 120 | 135 | 150 | 165 | 180 | 195 | 卡路里 |

# 葡萄酒是什麼？

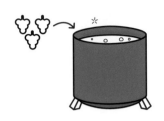

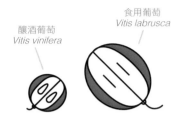

食用葡萄
*Vitis labrusca*

釀酒葡萄
*Vitis vinifera*

x365

**葡萄酒**為含酒精飲料，以發酵葡萄果實的方式製成。理論上，任何一種葡萄都可以用來釀製葡萄酒，但大部分的葡萄酒都是以釀酒葡萄製成。

**釀酒葡萄**與一般食用葡萄不同，尺寸要小得多，含有果籽，也比食用葡萄來得甜。

**葡萄藤**結果要花上整整一年的時間。北半球的收成時間是在八到十月，而南半球的採收時間則是二到四月。

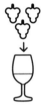

**年份**指的是葡萄收成的那一年。無年份（Non-vintage, NV）葡萄酒是由數次收成混調而成。

**單一品種葡萄酒**僅用一種葡萄品種，例如黑皮諾（第100頁），釀造而成。

**混調葡萄酒**是混和數種酒液調配而成，例如波爾多混調（第134頁）。

**溫帶氣候**最適合栽種葡萄。例如，北美洲的葡萄適宜生長範圍介於墨西哥北部到加拿大南部。

**氣候較冷涼**地區所產的酒，喝起來會更酸。

**氣候較溫暖**地區所產的酒，喝起來口感會更圓熟。

水 ⟶

酒精 ⟶

其他東西

5 杯

標準侍酒量
150 毫升

卡路里

← 460　干型酒
（10% ABV）

← 600　干型酒
（11.5% ABV）

← 750　干型酒
（12.5～13.5% ABV）

← 820　干型酒
（14% ABV）

← 1440　加烈甜酒
（21% ABV）

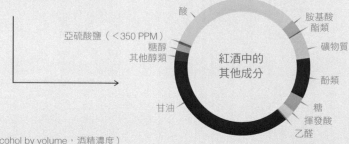

酸

胺基酸
酯類

礦物質

亞硫酸鹽（＜350 PPM）

糖醇
其他醇類

紅酒中的
其他成分

酚類

糖
揮發酸
乙醛

甘油

ABV（alcohol by volume，酒精濃度）
PPM（parts per million，百萬分率）

# 葡萄酒瓶面面觀

## 飲用須知

### 🍾 標準瓶裝
一瓶容量 750 毫升的標準瓶內含 5 杯葡萄酒。

### 🍷 標準侍酒量
單杯葡萄酒的標準侍酒量是 150 毫升，平均含有約 150 卡路里和 0～2 公克的碳水化合物。

### ♡ 健康飲酒習慣
美國國家癌症研究院建議，女性每日飲酒量以不超過 1 杯，男性則以不超過 2 杯為佳。

### 🍷 日飲一杯
如果從成年算起每天晚上都喝 1 杯葡萄酒，一個人的累積飲酒量將超過 4,000 瓶。

一瓶葡萄酒含有來自釀酒葡萄的發酵果汁。除了發酵葡萄汁以外，還會加入少量的二氧化硫（也就是亞硫酸鹽）做為防腐劑。

## 關於亞硫酸鹽

全球總人口中約有 1% 的人對亞硫酸鹽過敏，酒中含量如果超過 10 ppm，酒廠就必須於酒標註明。美國官方規定葡萄酒的亞硫酸鹽含量不可超過 350 ppm，有機酒則不能超過 100 ppm。另外，一罐可樂的亞硫酸鹽含量為 350 ppm，炸薯條的含量為 1,900 ppm，水果乾則含有約 3,500 ppm。

## 葡萄酒瓶容量一覽

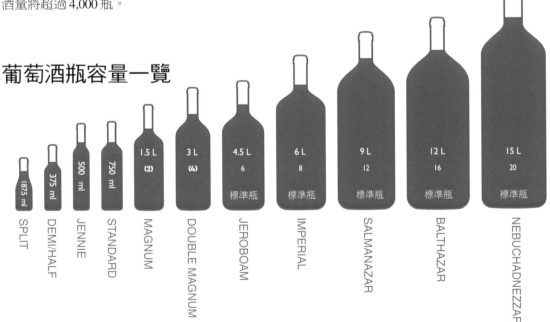

| | | | | | | | | | | |
|---|---|---|---|---|---|---|---|---|---|---|
| 1875 ml | 375 ml | 500 ml | 750 ml | 1.5 L (2) | 3 L (4) | 4.5 L 6 標準瓶 | 6 L 8 標準瓶 | 9 L 12 標準瓶 | 12 L 16 標準瓶 | 15 L 20 標準瓶 |
| SPLIT | DEMI/HALF | JENNIE | STANDARD | MAGNUM | DOUBLE MAGNUM | JEROBOAM | IMPERIAL | SALMANAZAR | BALTHAZAR | NEBUCHADNEZZAR |

# 3 種不同酒標範例

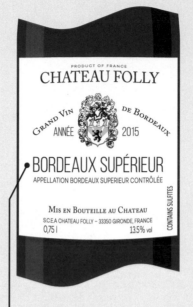

## 標示品種

葡萄酒酒標可以將品種做為酒名。這支德國酒酒標便將品種麗絲玲放在酒標上。對於能如此標示的酒款，每個國家的品種最低含量比例要求不同：

**75%** 美國、智利

**80%** 阿根廷

**85%** 義大利、法國、德國、奧地利、葡萄牙、紐西蘭、南非、澳洲

## 標示產區

葡萄酒酒標也可以將產區做為酒名。這支法國酒的 Bordeaux Supérieur 便是法定產區名稱。如果進一步瞭解波爾多葡萄酒的相關資訊，你就會知道這個產區主要栽種的是梅洛和卡本內蘇維濃，並將兩者一起混調。以產區分類的葡萄酒常見於：

法國、義大利、西班牙、葡萄牙

## 標示酒名

葡萄酒酒標還可以採用創意命名的方式。這種酒款在多數時候都是某生產者釀製的特別品種混調酒。有時為了區隔不同酒款，偶爾也會出現為單一品種酒命名的情況。

7

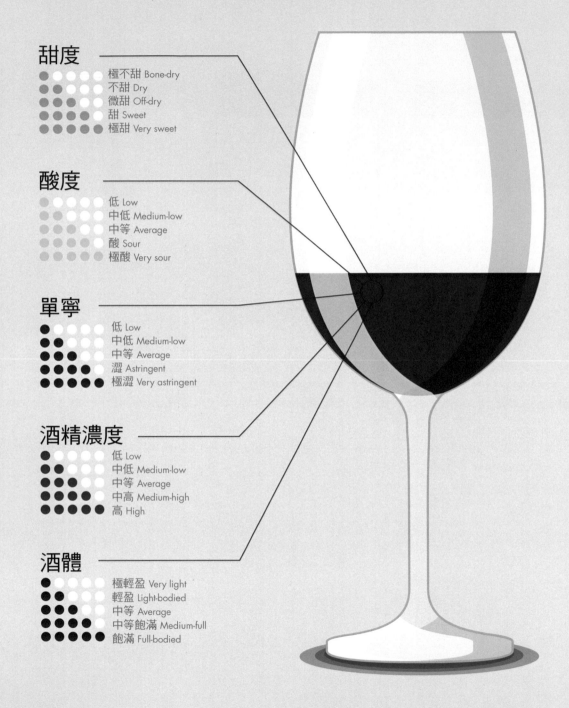

## 甜度

- 極不甜 Bone-dry
- 不甜 Dry
- 微甜 Off-dry
- 甜 Sweet
- 極甜 Very sweet

## 酸度

- 低 Low
- 中低 Medium-low
- 中等 Average
- 酸 Sour
- 極酸 Very sour

## 單寧

- 低 Low
- 中低 Medium-low
- 中等 Average
- 澀 Astringent
- 極澀 Very astringent

## 酒精濃度

- 低 Low
- 中低 Medium-low
- 中等 Average
- 中高 Medium-high
- 高 High

## 酒體

- 極輕盈 Very light
- 輕盈 Light-bodied
- 中等 Average
- 中等飽滿 Medium-full
- 飽滿 Full-bodied

# 葡萄酒基本特性

定義葡萄酒款特性的5大要素：甜度、酸度、單寧、酒精濃度和酒體。

## 甜度

葡萄酒的甜度來自殘留糖分（Residual Sugar, RS）。當葡萄汁裡的糖分未完全發酵轉化為酒精，剩餘在酒中的就是殘糖。

甜度分為極不甜到極甜等不同程度。值得注意的是，一杯定義為不甜的干型葡萄酒，能含有最多高達半茶匙的糖。有關描述甜度的標準用語，請見下列圖表。

較低酸度　　　較高酸度

**可感知甜度**：相同的甜度下，酸度較低的酒款喝起來會比酸度較高來得甜。

## 甜度等級

每杯150毫升靜態葡萄酒依照不同甜度，卡路里數也逐次增加：

| 極不甜<br>Bone Dry | 不甜<br>Dry | 微甜<br>Off-Dry | 甜<br>Sweet | 極甜<br>Very Sweet |
|---|---|---|---|---|
| ●○○○○ | ●●○○○ | ●●●○○ | ●●●●○ | ●●●●● |
| 0 卡路里 | 0～6卡路里 | 10～21卡路里 | 21～72卡路里 | 72～130卡路里 |
| 低於 1 g / L RS | 1～10 g/L RS | 17～35 g/L RS | 35～120 g/L RS | 120～220 g/L RS |

每杯150毫升氣泡酒依照不同甜度所代表的糖分（以茶匙為單位）和卡路里：

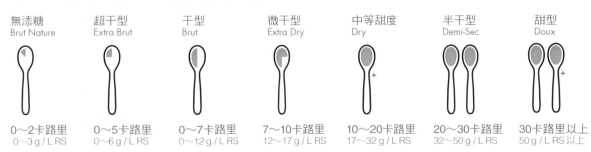

| 無添糖<br>Brut Nature | 超干型<br>Extra Brut | 干型<br>Brut | 微干型<br>Extra Dry | 中等甜度<br>Dry | 半干型<br>Demi-Sec | 甜型<br>Doux |
|---|---|---|---|---|---|---|
| 0～2卡路里 | 0～5卡路里 | 0～7卡路里 | 7～10卡路里 | 10～20卡路里 | 20～30卡路里 | 30卡路里以上 |
| 0～3g/L RS | 0～6g/L RS | 0～12g/L RS | 12～17g/L RS | 17～32g/L RS | 32～50g/L RS | 50 g/L RS以上 |

檸檬
2 pH

優格
4.5 pH

**葡萄酒的酸度範圍**：2.5～4.5 pH。pH 值為 3 的酒款酸度比 pH 值為 4 的酒款高 10 倍。

梗
皮
籽

**葡萄的單寧**：單寧來自葡萄的皮、籽和梗。單寧帶有苦味和澀味，但具有高度抗氧化作用。

新桶　　舊桶／中性桶

**橡木桶的單寧**：新桶比舊桶能賦予葡萄酒更多的單寧。

# 酸度

酸性物質是葡萄酒酸味的主要來源。大多數葡萄酒中的酸來自葡萄果實，包括酒石酸、蘋果酸和檸檬酸。就像許多水果，葡萄酒的酸鹼值（pH 值）偏酸，大概介於 2.5～4.5 pH（中性 pH 值為 7）。

關於葡萄酒的酸度，值得注意的是，葡萄果實越熟，酸度也會跟著越低。所以，氣候較冷涼而葡萄較不容易達到完熟的地區，產出的葡萄酒酸度較高。

# 單寧

單寧是植物自然生成的一種多酚類物質。單寧是紅酒的專利，因為白酒在釀造時沒有連皮一起發酵。在葡萄酒中，單寧並不一定是種風味，而是一種乾澀的口感。

單寧來自兩處：葡萄皮和籽，以及新橡木桶。

若想嘗出酒中的單寧，請專注於舌頭上的感覺。高單寧葡萄酒會帶走舌頭上的蛋白質，造成一種乾燥和粗糙感。這種感覺常被形容為「咬舌或咬口」。高單寧的酒款對味道重、偏油膩的肉類、起士和義大利麵料理等，有清理口腔、去油解膩的作用，因此常用來佐餐。

# 酒精

葡萄酒中的酒精來自酵母將葡萄汁（糖分）轉化為乙醇。另一種可能來源是在葡萄酒中添加酒精，此釀造手法稱為加烈（fortifying）。

酒精在葡萄酒香氣表現扮演重要的角色。它是讓香氣從酒液表面傳播至鼻中的媒介。此外，酒精也能為葡萄酒增添黏稠度和酒體。飲酒時你能從喉嚨裡的燒灼感，感覺到酒精濃度的高低。

**「火辣」的葡萄酒**：一般在形容酒精濃度高低時，常會因為依照喉嚨的感覺，而以溫度比喻。一支「火辣」（hot）的葡萄酒，意味酒精濃度較高。

| 低 | 中低 | 中等 | 中高 | 高 |
|---|---|---|---|---|
| ●○○○○ | ●●○○○ | ●●●○○ | ●●●●○ | ●●●●● |
| 10% ABV以下 | 10～11.5% ABV | 11.5～13.5% ABV | 13.5～15% ABV | 15% ABV以上 |

# 酒體

酒體並非精確的科學分析用語，而是一種從輕盈到厚重酒風的分類方式。前述的四種特性（甜度、酸度、單寧和酒精濃度），都會影響葡萄酒嘗起來的酒體輕重與否。

**小訣竅**：酒體輕盈或飽滿之間的差異，就好比脫脂和全脂牛奶的不同。

**酒體輕盈酒款**
酸度較高
酒精濃度較低
單寧較少
甜度較低

**酒體厚重酒款**
酸度較低
酒精濃度較高
單寧較多
甜度較高

你可以用酒體「輕盈」或「飽滿」形容想要的酒種風格。

# 品飲
# 葡萄酒

如何品飲：觀察
如何品飲：嗅聞
如何品飲：口嘗
如何品飲：結論

葡萄酒 4 步驟品飲法，針對訓練品飲者識別酒款主要特性的能力，並加強風味與口感記憶的專業品飲技巧。

# 如何品飲葡萄酒

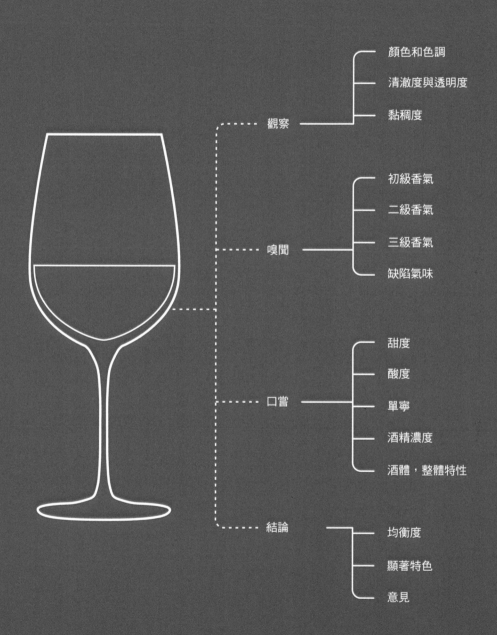

觀察
- 顏色和色調
- 清澈度與透明度
- 黏稠度

嗅聞
- 初級香氣
- 二級香氣
- 三級香氣
- 缺陷氣味

口嘗
- 甜度
- 酸度
- 單寧
- 酒精濃度
- 酒體，整體特性

結論
- 均衡度
- 顯著特色
- 意見

# 如何品飲：觀察

葡萄酒品飲的4大步驟：**觀察、嗅聞、口嘗**和**結論**。

## 如何品飲：觀察

葡萄酒的顏色從科學角度來說，也是複雜的課題。所幸有經驗的品飲者仍可以從**顏色、飽和度、透明度**和**黏稠度**，探知蛛絲馬跡。

品飲的侍酒量為一份75毫升。請試著在自然光襯著白色背景，比如餐巾或一張白紙觀察酒色。

**檢視**：將酒杯襯著白色背景微微傾斜，然後檢視顏色、飽和度，還有靠近杯緣的色調。

**搖杯**：旋轉酒杯觀察酒液的黏稠度。質地較黏稠的葡萄酒含有較高的酒精濃度且／或較多的殘留糖分。

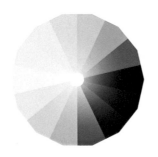

**酒色**：觀察色調時並非一定須參照所有可能的酒色，而是與同一款酒的其他樣本比較。如此一來便能得知品種和生產的差異。

**飽和度**：觀察酒液從邊緣至中心的色澤。你會看到由不同因素造成的些微色差和澄清度變化，包括品種、生產方式與酒齡。

**酒淚**：「酒腿」或「酒淚」是一種由液體表面張力形成的現象，其名稱為馬蘭哥尼效應（Marangoni effect）。酒淚滴落的速度越緩慢，表示酒精濃度越高，但並不代表品質更優越。

# 酒色

清澈：未過桶與冷涼氣候的酒款

色調：綠色至紅銅

深金色：經木桶陳年與遲摘酒款

**淡白金：**接近清澈透明、可被光線穿透的白酒，應是年輕且未經木桶培養。

**中等檸檬：**數種白酒可能有帶少許綠色調的狀況，如綠維特林納和白蘇維濃。

**深金色：**由於經歷自然氧化，木桶陳年通常會為白酒賦予更深的金色調。

顏色淺：色素較少

帶紅色調：酸度較高

帶藍紫色調：酸度較低

**淡石榴：**顏色淺的紅酒所含的紅色花青素較少。黑皮諾、加美、格那希與金芬黛天生色澤就比較淡。

**中等紅色：**帶紅色調的葡萄酒一般來說會比帶藍紫色的酸度更高。梅洛、山吉歐維榭、田帕尼優和內比歐露的酒色都是傾向帶紅色調的品種。

**深紫色：**透光率低的葡萄酒含有更多色素。阿里亞尼科、馬爾貝克、慕維得爾、小希哈、希哈等品種含有的花青素便比較多。

# 如何品飲：嗅聞

**嗅聞**：將杯子置於鼻下，吸入一口氣，讓自己先熟悉一下這杯酒的香氣。然後旋轉酒杯，搖晃其中的酒液一次，再嗅聞一次。這一次聞得更久、更仔細一點，在吸入香氣和思考之間交互停頓一下。

**香氣**：嘗試著讓鼻子在杯緣的不同位置停留。通常靠下半圈更容易聞到豐富的果香，而花香和揮發酯則可在酒杯的上半圈聞到。

**搖杯**：旋轉杯中的酒液，讓香氣化合物釋放出來。

**嗅覺疲乏？**聞一下自己的前臂，可使嗅覺回歸中性。

**香水**：參加葡萄酒品飲活動，應避免在身上噴灑香氣濃郁的香氛產品。

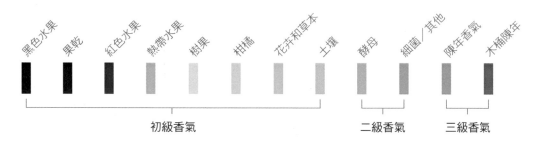

黑色水果　果乾　紅色水果　熱帶水果　樹果　柑橘　花卉和草本　土壤　酵母　細菌／其他　陳年香氣　木桶陳年

初級香氣　　　　　二級香氣　三級香氣

**初級香氣**：初級香氣源自於葡萄本身。每個品種都有一系列可能呈現的特有香氣。例如白葡萄品種的白蘇維濃經常聞起來會有醋栗和剛割下的青草味。初級香氣的種類與範圍，會隨著酒款產區的氣候及陳年時間有所不同。

**二級香氣**：二級香氣產自釀造過程，尤其是酵母和細菌之間的作用。

例如夏多內的奶油香氣，便是源自某一個特定菌種。

**三級香氣**：三級香氣源於葡萄酒陳年，以及與氧氣有限的交互作用。例如年份香檳和雪利酒的堅果風味便是經過多年培養熟成而產生。

**瑕疵**：某些香氣也可能會歸類為瑕疵。若能有所瞭解，對分辨葡萄酒的優劣很有助益。

# 如何辨認葡萄酒瑕疵

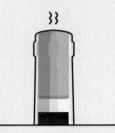

## 木塞味（Cored）

又稱 TCA（2,4,6-Trichloroanisole）感染

多數帶木塞味的葡萄酒聞起來都有強烈的濕紙板、淋濕狗毛或潮濕發黴地窖的味道。不過有時這種酒也可能只是缺乏香氣，或僅帶有非常輕微的黴味。遇到這類情況時不用擔心，你可以向店家要求退換。

## 還原（Reduction）

又稱硫醇（Mercaptan）或硫化物味

葡萄酒的還原氣味聞起來像是水煮大蒜和甘藍。肇因是葡萄酒在瓶中接觸不到足夠的氧氣。應可經由醒酒或用純銀湯匙攪拌酒液加以改善。

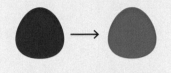

## 氧化（Oxidized）

又稱「馬德拉化」（Maderized）

氧化葡萄酒聞起來黯淡扁平，色澤偏棕，就像顏色轉深的氧化蘋果一樣。氧化的紅酒會因為酚類物質（如單寧）與氧氣交互作用，喝起來乾澀帶苦味；而類似蘋果汁的味道，則是氧化白酒的典型風味。

## 紫外線傷害

又稱「光害」

當葡萄酒在類似超市的照明環境待得太久或暴露在陽光下，就會導致光害；光害則會產生還原現象。將酒儲存在暗室可避免光害和酒質老化。

## 熱傷害

又稱「熟化」（Cooked）或「馬德拉化」

葡萄酒的酒質在溫度高於 28°C 的環境下會開始迅速衰敗，並在 32°C 左右出現過熱熟化的情形。這種酒聞起來雖然可能有焦糖和糖煮水果等討喜的氣味，品飲時卻平淡乏味，沒有前導、中段或尾韻之分。熱傷害也會導致酒色變得褐棕。

## 氣泡

在靜態酒中

有時候葡萄酒會不小心在瓶中再次發酵，當你喝的應是靜態酒款時，很容易發現。這種酒的酒液因內含酵母和蛋白質顆粒，通常也會有點混濁。

# 如何品飲：口嘗

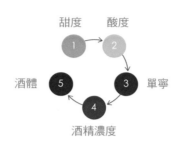

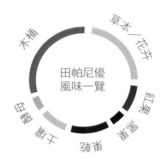

**品飲：**先喝一大口酒，讓酒液覆蓋整個口腔，然後小口啜飲數次，好分別辨認不同的風味。

試著分辨至少 3 種果香和 3 種其他風味，每次僅專注識別一種即可。

**提示：**在專業的品飲場合，吐酒是很普遍的動作。

**辨認：**分辨葡萄酒在口中停留時，感受到酒款基本特性的部位：
甜度的感受大多位在舌頭前端。
酸度會讓你分泌更多唾液。

單寧帶有質地和觸感，且會像濕茶包般令你口腔乾澀。
酒精會讓喉嚨有燒灼感。

**特性概覽：**品飲過後，便可在心裡建構出（或是寫下來）它的風味分析輪。試著將風味和香氣分門別類。例如，若你在酒款中品到了香草，那可能是經木桶培養得來。

**提示：**請參照本書的品種章節為各種風味歸類。

## 葡萄酒在口腔的演化

**進階飲者：**你會發現高品質的酒款，由開始到結束的演變歷程中，可能有 2 到 3 種風味特別明顯。

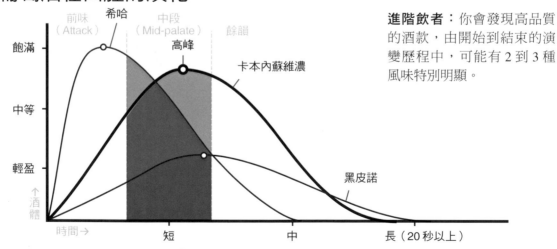

# 品味偏好與遺傳的關係

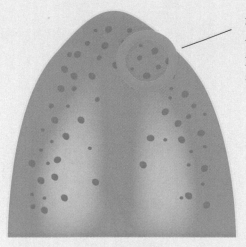

在你的舌頭上，一個打洞機圓圈大小的區域內有多少個味蕾？

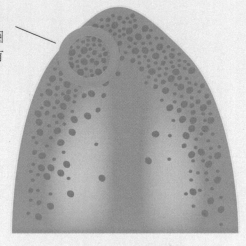

## 低敏銳度

## 超高敏銳度

### 低敏銳者

占總人口數的 10～25%

**少於 15 個味蕾。**你能吃辛辣食物，也喜歡重口味的食物。苦味對你來說不是問題，因為你吃不出來。你具備了飲用多數世上風味最濃郁葡萄酒種的先天條件。

### 普通味覺者

占總人口數的 50～75%

**15～30 個味蕾。**你可以接受如單寧的苦味，而不會因此難過得呲牙裂嘴。你有愛上絕大多數酒種的潛力，只要放慢速度，注意其中的細微差別，就能提高味覺敏感度。

### 超級敏銳者

占總人口數的 10～25%

**30 個味蕾以上。**又稱超級味覺者，任何風味在你口中都變得濃郁：鹹、甜、酸、油及苦。你對苦味敬謝不敏。好處是敏銳的味覺讓你成為更謹慎的饕客，並傾向追求更細緻、滑順的酒種。

**研究顯示：**亞洲人、非洲人和南美人比起白種人擁有更高的超級味覺基因比例。

**研究顯示：**女性身為超級味覺者的可能性，是男性的兩倍以上。

**建議：**增進味覺敏銳度的最佳方法是花更多時間嗅聞和分辨香氣。

# 如何品飲：結論

噴　　還好　　讚耶　最後晚餐

**均衡度**：品飲之後，便能進行評估。這支酒的要素是否相互協調？

**提示**：缺乏均衡度的酒指的是部分特性壓過其他風味。例如，整體風味以過於刺激的高酸度為主。

**強化記憶**：寫下酒中的幾個關鍵要素，並試著記住它們：
葡萄品種獨有的香氣風味或特性。
產區、年份或生產者特有的風味或特色。

**你的意見**：多花點時間細細品味喜歡的酒款，找出讓你特別偏好它們的特點，這會讓你在選購新酒款時更得心應手。

在 Wine Folly，我們使用針對易飲性而設計、簡單明瞭的 4 等級評分機制。「最後晚餐」等級代表這支酒非常棒，喝過死而無憾。

## 盲飲

與朋友一起練習盲飲。請每人各帶一支酒，並預先以紙袋或鋁箔紙將整支酒瓶包好，然後一起試飲每款酒，分別討論它們的特性，進而推敲酒款名稱。

**提示**：從單一品種酒開始盲飲是最容易入手的方式。上手之後再嘗試混調酒種。

**提示**：選擇光線充足的地方進行品飲，有助於以視覺評估酒液。

## 品飲建議

**產區比較**：嘗試數個不同產區的同一品種酒款，比較地理位置對風味的影響。

**年份比較**：選定某個生產者的特定酒款，試飲該酒款一系列不同年份，以瞭解其中差異。

**品質比較**：同時試飲一系列分屬不同價格帶的類似酒款，以瞭解酒質差異。

# 如何寫下實用的品飲筆記

Dunn Vineyards Cab. Howell Mtn. 2002

2009 品飲夥伴 J.和D.

混濁的紅寶石色，邊緣帶磚紅色。

非常明亮透光，中等黏稠度，帶酒淚。

鮮明的香氣。黑醋栗果乾、紅李、彩椒、鼠尾草、碎石、西洋杉及甘草。全包裹在冬青的基調裡。

喝起來比預期的要輕盈些，中等酸度，中等細緻單寧。口感上帶有黑櫻桃、冬青及帶血牛排味。餘韻是帶點甜度的煙燻味。

品飲時值春分日，不知與酒質表現有無關係。服務生支解了整個鉛封，很可愛。

會試著把下一瓶留到2015年！

---

**試飲／享用酒款**
生產者、產區、品種、年份及任何特別的命名

**試飲時間**
葡萄酒會隨著陳年時間而變化。

**你的意見**
這才是最重要的。

**你的觀察**
有助於正確辨認酒款。

**你聞到的氣味**
越具體越好。

**提示**：先試著列出最顯而易見的風味。這樣有助於建立各香氣間的輕重強弱程度。

**你喝到的口感**
品飲筆記已有很大部分著重在香氣，所以這裡可以增加一些結構描述，還有任何在嗅聞時無法擷取的特色。

**當下的時地事**
每次品飲都是一次全新的體驗。

**品飲專用編號杯墊**
可以從 Wine Folly 的網站下載：
http://winefolly.com/resources/tasting-mats

# 對待
# 葡萄酒

酒杯　　不同類型的酒杯及挑選秘訣

侍酒　　靜態酒和氣泡酒的開瓶及醒酒方式

溫度　　各酒種最適宜的飲用溫度

儲藏　　短、長期儲存葡萄酒的重點

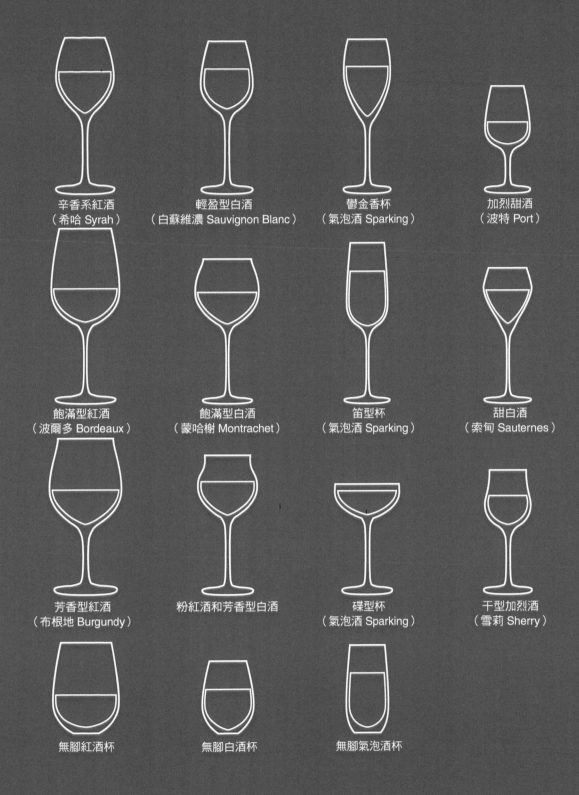

辛香系紅酒
（希哈 Syrah）

輕盈型白酒
（白蘇維濃 Sauvignon Blanc）

鬱金香杯
（氣泡酒 Sparking）

加烈甜酒
（波特 Port）

飽滿型紅酒
（波爾多 Bordeaux）

飽滿型白酒
（蒙哈榭 Montrachet）

笛型杯
（氣泡酒 Sparking）

甜白酒
（索甸 Sauternes）

芳香型紅酒
（布根地 Burgundy）

粉紅酒和芳香型白酒

碟型杯
（氣泡酒 Sparking）

干型加烈酒
（雪莉 Sherry）

無腳紅酒杯

無腳白酒杯

無腳氣泡酒杯

# 酒杯

市面上可供選擇的葡萄酒杯種類繁多。以下關於酒杯特性的介紹，能幫助你挑選最適合的杯型。

拿取高腳杯時，將手握在杯柄近杯底處。

無鉛水晶酒杯可放進洗碗機清洗。

含鉛水晶有 1～30％ 的氧化鉛，精細水晶則為 24％ 或更多。只要葡萄酒沒有在含鉛水晶製成的容器停留長達數日，一般對人體無害。

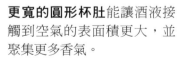

採購酒杯時，選取最符合飲用習慣的 2 種酒杯即可。

有腳還是無腳？杯柄的存在與否並不影響香氣和口感。

## 水晶還是玻璃

水晶高腳杯內含能折射光線的礦物質。礦物質也能強化水晶，讓吹製出來的容器非常薄透。傳統的水晶玻璃杯均含鉛，不過今天已可用鎂或鋅等物質取代。大多數無鉛水晶杯都可進洗碗機，含鉛水晶杯則因為有小氣孔，須使用無香清潔劑手洗。

一般玻璃的質地會較水晶來得脆弱，但也製作得較厚實耐久。普通玻璃都可用洗碗機清洗。

## 酒杯造型與風味

杯肚能左右香氣濃度，杯口則主宰口腔汲取酒液的多寡。

適合細緻、香氣型酒種

適合濃郁、辛香型酒種

**更寬的圓形杯肚**能讓酒液接觸到空氣的表面積更大，並聚集更多香氣。

**窄型杯肚**聚集的香氣較少，酒液接觸到空氣的面積也較小。

# 挑選酒杯

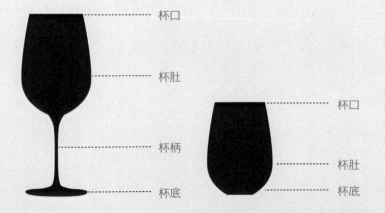

**無腳杯**

5 Oz／
150 ml

輕鬆自在的
品飲場合

**超大紅酒杯**

150 ml

中等到飽滿
酒體的高單
寧紅酒

**香氣杯**

150 ml

酒體輕盈的
紅酒、酒體
飽滿的白酒
和粉紅酒

**紅酒杯**

150 ml

辛香型紅酒
、年份氣泡
酒和粉紅酒

**氣泡酒杯**

150 ml

適合留住氣
泡酒中的氣
泡

**白酒杯**

150 ml

白酒、粉紅
酒與氣泡酒

**甜酒杯**

3 Oz／
90 ml

加烈酒和甜
點酒

杯口

杯肚

杯柄

杯底

杯口

杯肚

杯底

# 侍酒

開酒、倒酒、侍酒和醒酒的基礎知識：

## 靜態酒的開瓶

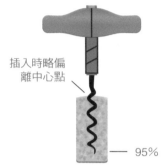

插入時略偏
離中心點

95%

150 ml

**取下錫箔**：傳統上應該從瓶口下緣切開，不過從上緣下刀也沒關係。

**螺旋鑽**：於略偏離中心點的位置轉入螺旋鑽，直到螺旋部位沒入軟木塞的部分達到95%。慢慢將塞子拔出，以降低木塞破損的機率。

**標準侍酒量**：葡萄酒的標準侍酒量約在每杯150～180毫升。一杯干型葡萄酒依照酒精濃度的不同，平均含有130～175卡路里。

## 氣泡酒的開瓶

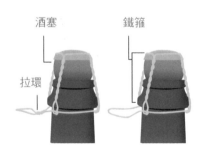

酒塞　　　　　鐵箍

拉環

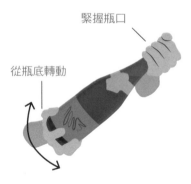

緊握瓶口

從瓶底轉動

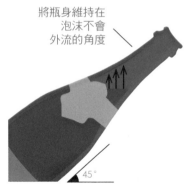

將瓶身維持在
泡沫不會
外流的角度

45°

**鐵箍**：剝除錫箔並將拉環轉鬆6圈。用拇指按住鐵箍和軟木塞，開瓶時它們會一起釋出。

**旋轉**：一隻手緊握酒塞和鐵箍，另一隻手從瓶底轉動瓶身。

**釋出酒塞**：當木塞被壓力往外推時，先按住再慢慢讓它釋出。取出酒塞後讓酒瓶繼續維持這個角度幾秒鐘。

# 接觸空氣，增加香氣

醒酒是將氧氣導入酒液。這個簡單的步驟能讓不太宜人的香氣化合物，氧化成較不易察覺的氣味，也可以降低部分酸度和單寧的集中度，讓酒喝起來更順口。總歸一句話，這是一種讓酒更美味的魔術。

**該選哪一種醒酒器？** 選你喜歡的。聰明的作法是挑選裝酒、倒酒和清洗都很簡便的款式。快速醒酒器雖然比起來不夠典雅高貴，但從技術面上來說更迅速有效率。

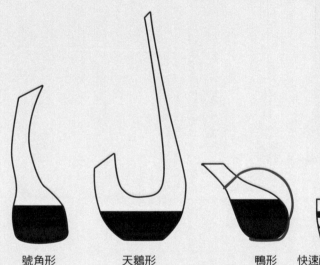

號角形　　天鵝形　　鴨形　快速醒酒器　標準醒酒器

**何種酒需要醒？** 所有紅酒都可以「通氣」。醒過的酒無法在空氣中撐太久，所以預定喝多少量，才醒多少酒。

**提示**：聞到硫磺味？別擔心，那不是亞硫酸鹽類，只是代表你的酒有「還原」氣味（第17頁）。醒酒或以銀湯匙攪拌酒液，都可以改善這種現象。

**倒酒**：為了讓酒液接觸到更多空氣，倒酒時應讓酒液順著瓶身擴散進入酒器。

**醒酒時間**：風味越濃郁和集中的酒種，需要的時間就越長。可以從15～30分鐘開始嘗試。

# 溫度

## 侍酒溫度

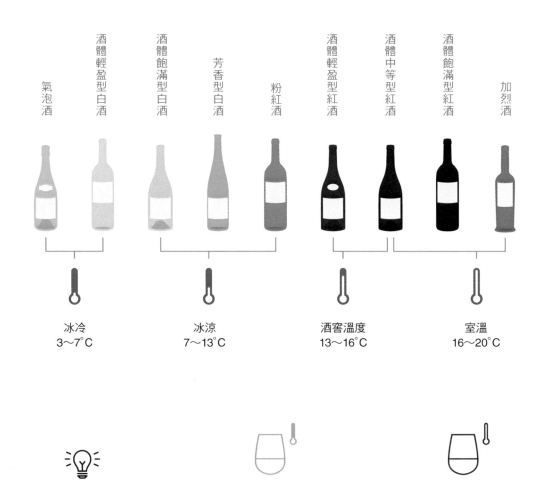

| 氣泡酒 | 酒體輕盈型白酒 | 酒體飽滿型白酒 | 芳香型白酒 | 粉紅酒 | 酒體輕盈型紅酒 | 酒體中等型紅酒 | 酒體飽滿型紅酒 | 加烈酒 |

冰冷
3～7˚C

冰涼
7～13˚C

酒窖溫度
13～16˚C

室溫
16～20˚C

注意！侍酒所說的室溫是 16～20˚C，這個溫度其實比多數住家的室內溫度低。

**太冰**：如果葡萄酒缺乏香氣且喝起來較酸，可能是因為酒溫過低。自冰箱取出的白酒常有這種問題。這時可用雙手包覆杯肚來溫暖酒液。

**太熱**：如果聞香時氣味嗆烈或有藥味，可能是因為酒溫過高。這種問題常出現在儲藏於室溫的高酒精濃度紅酒上。這時可將酒冷藏 15 分鐘以改善。

# 儲藏

## 儲藏已開瓶的酒

真空蓋

葡萄酒若暴露在氧氣或室溫下，會加速酒質衰敗。所以開過的酒請存放於 10～13°C 的恆溫酒櫃中。如果沒有酒櫃，可將酒置於冰箱，在飲用前約一小時取出讓它回溫。

塞回軟木塞雖能阻止瓶外氧氣接觸酒液，卻無法令瓶中的氧氣消失。葡萄酒保存工具則能延續酒的壽命，如真空抽氣幫浦或氬氣保鮮器。

| | |
|---|---|
| | 1～3 天 |
| | 1 週 |
| | 3～5 天 |
| | 1 週 |
| | 1 週 |
| | 3～5 天 |
| | 3～5 天 |
| | 3～5 天 |
| | 1 個月 |

## 葡萄酒的陳年

**理想的儲酒環境為 10～13°C，濕度 75%。**

置於一般櫥櫃的葡萄酒，陳化的速度是理想條件下的四倍。長期待在溫度多變的環境，葡萄酒也較可能出現瑕疵。因此如果你計畫讓酒進行超過一年的陳化，最好考慮購入恆溫酒櫃或相應的窖藏設備。

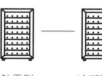

熱電型（短期） — 冷凝器型（長期）

市面上有兩種恆溫酒櫃：熱電型和冷凝器型。熱電型會隨著溫度變化而有些微溫差，但較安靜無聲；冷凝器型噪音較大且需要定期保養維護，但恆溫效率較高。

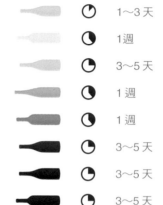

| × | 28°C | 酒開始熟化 |
|---|---|---|
| ⚠ | 21°C | 拉警報 |
| ✓ | 10–13°C | 理想溫度範圍 |
| ⚠ | 8°C | 拉警報 |
| × | 0°C | 酒開始結凍 |

# 餐酒搭配

風味搭配基本原理

起士

肉類

蔬菜

料理香草／辛香料

葡萄酒佐餐透過對風味、質地、香氣與濃郁度等綜合考量，體現出均衡的餐酒關係。學習如何以葡萄酒搭餐的同時，也會開啟另一扇品味葡萄酒之窗，提供探索和享用不同酒種的可能性。

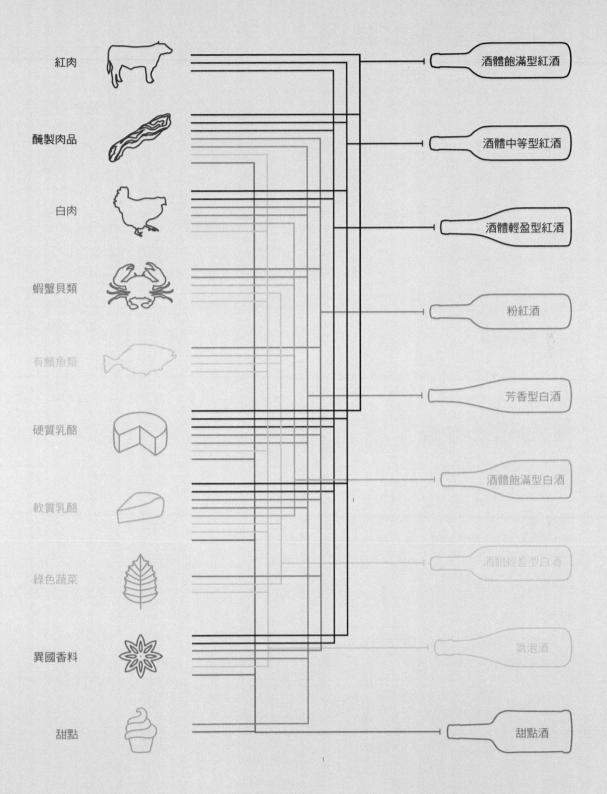

紅肉

醃製肉品

白肉

蝦蟹貝類

有鱗魚類

硬質乳酪

軟質乳酪

綠色蔬菜

異國香料

甜點

酒體飽滿型紅酒

酒體中等型紅酒

酒體輕盈型紅酒

粉紅酒

芳香型白酒

酒體飽滿型白酒

酒體輕盈型白酒

氣泡酒

甜點酒

# 風味搭配基本原理

風味搭配根據葡萄酒的味道、香氣、質地、顏色、溫度和濃郁度，找出相稱的食物。

相同的化合物多

相同的化合物少

## 同質VS.互補

相稱的風味有同質或互補兩種方式。同質性搭配的雙方會有許多共有的化合物，能互相結合帶來加成效應。互補搭配則是讓相反的風味互相制衡，進而達到均衡與協調。

你可利用同質性搭配法放大和增強協調的風味組合，或採用互補搭配法抵銷不協調的風味，藉以創造讓人驚豔的餐酒拍檔。

## 餐酒搭配小訣竅

**酸味食物：** 帶有高酸度的食物會讓低酸度的酒喝起來淡而無味。因此高酸度食物應搭配高酸度葡萄酒。

**油膩的食物：** 高單寧紅酒對油脂豐厚的蛋白質，有清潔口腔、去油解膩的作用。

**辛辣食物：** 冰涼的低酒精濃度甜酒能緩解辣味食物帶來的燒灼感。

**刺激性食物：** 氣味濃烈帶刺激性的食物，如義大利藍紋乳酪Gorgonzola，適合搭配酸度較高且帶甜度的葡萄酒。

**苦味食物：** 帶苦味的食物會放大單寧的苦味，因此請盡量搭配低單寧或無單寧、帶鹹味和甜度的酒種。

**甜食：** 甜食通常會讓干型葡萄酒喝起來變苦，因此請盡量搭配甜酒。

# 餐搭指南針

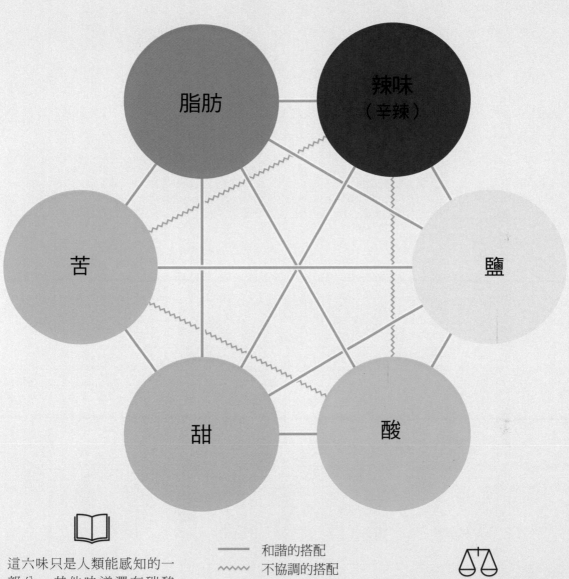

這六味只是人類能感知的一部分。其他味道還有碳酸味、鮮味（umami，帶肉味）、麻、電、肥皂味、鈣味與清涼感（薄荷醇）。

—— 和諧的搭配
〜〜 不協調的搭配

**均衡**：將濃郁度相當的葡萄酒與食物搭配，可得到均衡的餐酒搭配結果。

# 起士

### 新鮮、鹹味和酸味

菲達乳酪（Feta）
墨西哥 Cotija 乳酪
印度 Paneer 乳酪
山羊乳酪（Chèvre）
酸奶油

### 細緻與堅果風味

布利白黴乳酪（Brie）
康堤乳酪（Comté）
葛瑞爾乳酪（Gruyère）
哈瓦第乳酪（Havarti）
馬斯卡邦乳酪（Mascarpone）
莫札瑞拉乳酪（Mozzarella）
瑞可達乳酪（Ricotta）
瑞士乳酪

### 濃郁而紮實

義大利 Asiago 乳酪
切達乳酪（Cheddar）
煙燻高達（Gouda）
賽普勒斯 Halloumi 乳酪
西班牙 Manchego 乳酪
帕馬森乳酪（Parmesan）
托斯卡尼 Pecorino 羊奶乳酪

### 強烈帶刺激性

藍紋乳酪
Époisses 洗浸乳酪
Gorgonzola 藍紋乳酪
洛克福藍紋乳酪（Roquefort）
史帝爾頓藍紋乳酪（Stilton）
塔雷吉歐洗浸乳酪（Taleggio）

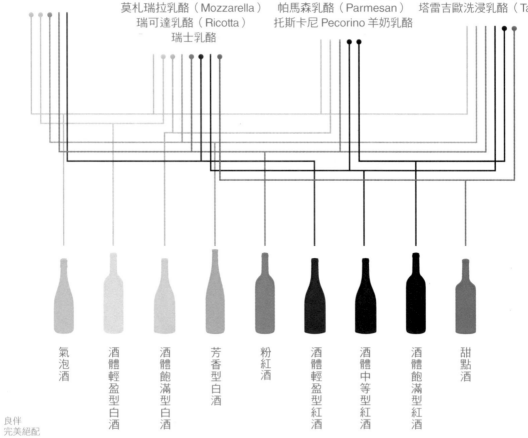

氣泡酒

酒體輕盈型白酒

酒體飽滿型白酒

芳香型白酒

粉紅酒

酒體輕盈型紅酒

酒體中等型紅酒

酒體飽滿型紅酒

甜點酒

—— 良伴
→ 完美絕配

# 肉類

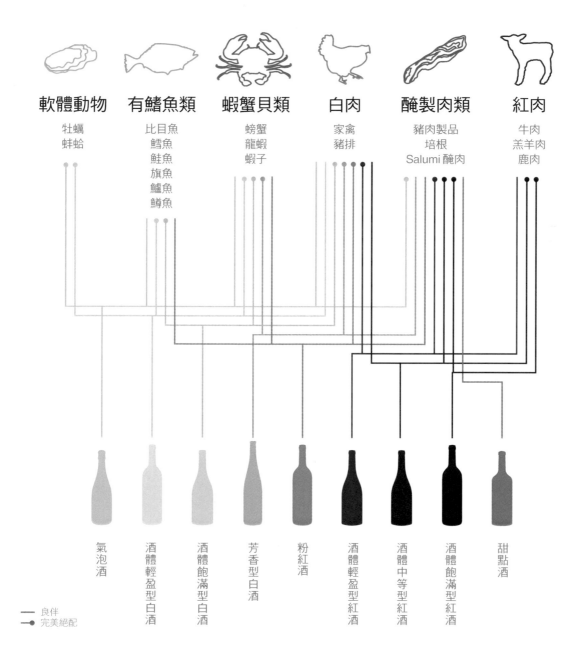

| 軟體動物 | 有鰭魚類 | 蝦蟹貝類 | 白肉 | 醃製肉類 | 紅肉 |
|---|---|---|---|---|---|
| 牡蠣<br>蚌蛤 | 比目魚<br>鱈魚<br>鮭魚<br>旗魚<br>鱸魚<br>鱒魚 | 螃蟹<br>龍蝦<br>蝦子 | 家禽<br>豬排 | 豬肉製品<br>培根<br>Salumi 醃肉 | 牛肉<br>羔羊肉<br>鹿肉 |

氣泡酒

酒體輕盈型白酒

酒體飽滿型白酒

芳香型白酒

粉紅酒

酒體輕盈型紅酒

酒體中等型紅酒

酒體飽滿型紅酒

甜點酒

— 良伴
●— 完美絕配

35

# 蔬菜

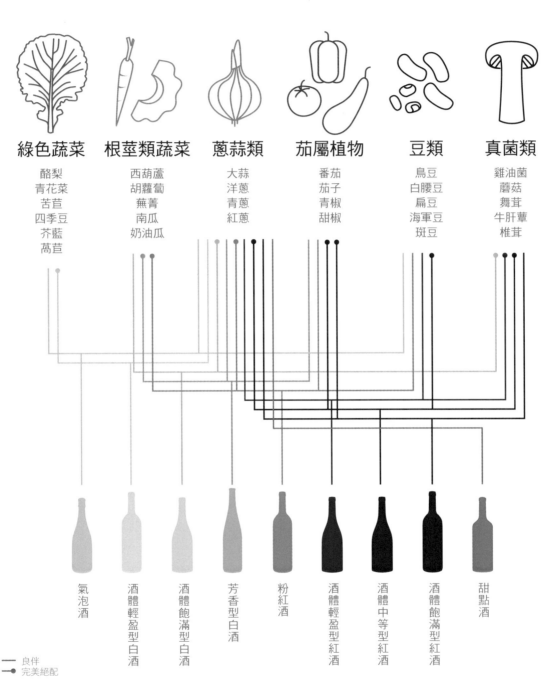

**綠色蔬菜**
酪梨
青花菜
苦苣
四季豆
芥藍
萵苣

**根莖類蔬菜**
西葫蘆
胡蘿蔔
蕪菁
南瓜
奶油瓜

**蔥蒜類**
大蒜
洋蔥
青蔥
紅蔥

**茄屬植物**
番茄
茄子
青椒
甜椒

**豆類**
鳥豆
白腰豆
扁豆
海軍豆
斑豆

**真菌類**
雞油菌
蘑菇
舞茸
牛肝蕈
椎茸

氣泡酒

酒體輕盈型白酒

酒體飽滿型白酒

芳香型白酒

粉紅酒

酒體輕盈型紅酒

酒體中等型紅酒

酒體飽滿型紅酒

甜點酒

—— 良伴
●— 完美絕配

# 料理香草／辛香料

| 新鮮料理香草 | 烘焙香料 | 異國香料 | 紅辣椒類 | 木本料理香草 | 堅果 |
|---|---|---|---|---|---|
| 羅勒 | 肉桂 | 大茴香 | Ancho辣椒 | 迷迭香 | 花生 |
| 芫荽 | 丁香 | 薑黃 | Aleppo辣椒粉 | 薰衣草 | 杏仁 |
| 細葉香芹 | 多香果 | 薑 | Chipotle煙燻辣椒 | 牛至 | 胡桃 |
| 龍蒿 | 豆蔻 | 五香 | 紅辣椒 | 墨角蘭 | 腰果 |
| 蒔蘿 | 香草 | 四川花椒 | | 百里香 | |
| 薄荷 | | 番紅花 | | 鼠尾草 | |
| | | 小茴香 | | | |

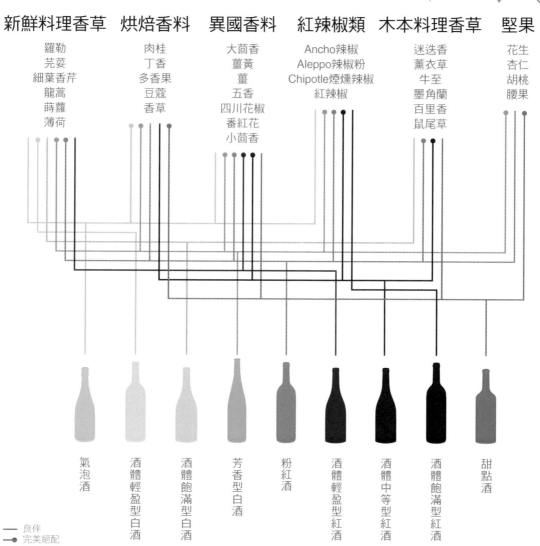

氣泡酒

酒體輕盈型白酒

酒體飽滿型白酒

芳香型白酒

粉紅酒

酒體輕盈型紅酒

酒體中等型紅酒

酒體飽滿型紅酒

甜點酒

— 良伴
—● 完美絕配

# 葡萄酒風格

# 葡萄酒風格

氣泡酒   ♀

酒體輕盈型白酒   ♀

酒體飽滿型白酒   ♀

芳香型白酒   ♀

粉紅酒   ♀

酒體輕盈型紅酒   ♀

酒體中等型紅酒   ♀

酒體飽滿型紅酒   ♀

甜點酒   ♀

本書將葡萄酒按照酒體最輕盈到最厚重，分為九種不同風格。希望能幫助讀者即使在未經過試飲的情況下，也能很快界定某款葡萄酒的概略風味。當然，偶爾也可能碰上不符合此分類法的酒款，那就是所謂的例外了。

# 本章圖解說明

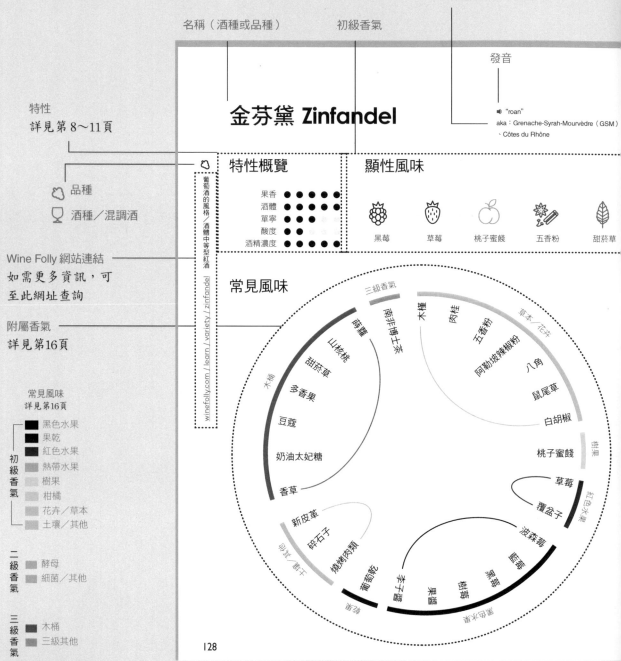

特性
詳見第8～11頁

品種

酒種／混調酒

Wine Folly 網站連結
如需更多資訊，可
至此網址查詢

附屬香氣
詳見第16頁

名稱（酒種或品種）

初級香氣

aka
其他品種名稱，或與
酒種相同的產區名

發音

🔊 "roan"
aka：Grenache-Syrah-Mourvèdre（GSM）
、Côtes du Rhône

## 金芬黛 Zinfandel

葡萄酒的風格／酒體中等型紅酒
winefolly.com／learn／variety／zinfandel

### 特性概覽

果香
酒體
單寧
酸度
酒精濃度

### 顯性風味

黑莓　草莓　桃子蜜餞　五香粉　甜菸草

### 常見風味

常見風味
詳見第16頁

初級香氣
- 黑色水果
- 果乾
- 紅色水果
- 熱帶水果
- 樹果
- 柑橘
- 花卉／草本
- 土壤／其他

二級香氣
- 酵母
- 細菌／其他

三級香氣
- 木桶
- 三級其他

128

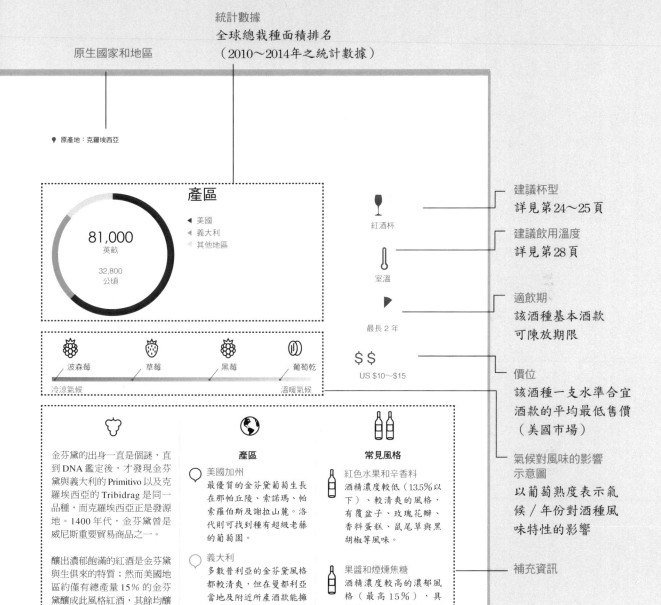

原生國家和地區

統計數據
**全球總栽種面積排名**
（2010～2014年之統計數據）

🔴 原產地：克羅埃西亞

## 產區

81,000
英畝

32,800
公頃

◀ 美國
◀ 義大利
◀ 其他地區

波森莓　　草莓　　黑莓　　葡萄乾

冷涼氣候　　　　　　　　溫暖氣候

紅酒杯

室溫

最長 2 年

$ $
US $10～$15

建議杯型
詳見第24～25頁

建議飲用溫度
詳見第28頁

適飲期
該酒種基本酒款
可陳放期限

價位
該酒種一支水準合宜
酒款的平均最低售價
（美國市場）

氣候對風味的影響
示意圖
以葡萄熟度表示氣
候／年份對酒種風
味特性的影響

補充資訊

金芬黛的出身一直是個謎，直到 DNA 鑑定後，才發現金芬黛與義大利的 Primitivo 以及克羅埃西亞的 Tribidrag 是同一品種，而克羅埃西亞正是發源地。1400 年代，金芬黛曾是威尼斯重要貿易商品之一。

釀出濃郁飽滿的紅酒是金芬黛與生俱來的特質；然而美國地區約僅有總產量 15％ 的金芬黛釀成此風格紅酒，其餘均釀製略帶藥草及甜味的白金芬黛粉紅酒。

**產區**

美國加州
最優質的金芬黛葡萄生長在那帕丘陵、索諾瑪、帕索羅伯斯及謝拉山麓。洛代則可找到種有超級老藤的葡萄園。

義大利
多數普利亞的金芬黛風格都較清爽，但在曼都利亞當地及附近所產酒款能擁有不可思議的深度。金芬黛在義大利經常與內格羅阿瑪羅一起混調。

**常見風格**

紅色水果和辛香料
酒精濃度較低（13.5％以下）、較清爽的風格，有覆盆子、玫瑰花瓣、香料蛋糕、鼠尾草與黑胡椒等風味。

果醬和煙燻焦糖
酒精濃度較高的濃郁風格（最高 15％），具黑莓、肉桂、焦糖、果醬、巧克力和菸草燃燒的煙燻味等風味。

# 氣泡酒

卡瓦
Cava

香檳
Champagne

藍布思柯
Lambrusco

波賽柯
Prosecco

氣泡酒是讓葡萄汁在密閉容器中發酵，而讓酒中產生二氧化碳。最常見的兩種氣泡酒釀造法是「傳統法」（Traditional Method）和「酒槽內二次發酵法」（Tank Method）。世界各國都有出產氣泡酒，且經常沿用香檳區（Champagne）的葡萄品種和釀造方式。

# 氣泡酒釀造方式

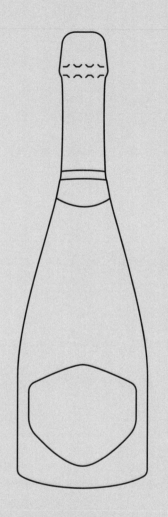

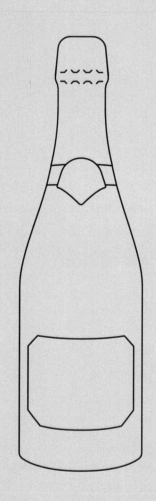

## 酒槽內二次發酵法之「夏瑪槽」（Charmat Method）

**酒種範例**：Prosecco、Lambrusco

**氣泡**：中等至微氣泡，2～4個大氣壓

## 傳統法

**酒種範例**：Champagne、Cava、Crémant、Sparkling wine（美國）、Metodo Classico（義大利）、Cap Classique（南非）

**氣泡**：細小而持久，6～7個大氣壓

# 卡瓦 Cava

 "kah-vah"
 傳統法

## 特性概覽

果香　● ● ● ○ ○
酒體　● ○ ○ ○ ○
甜度　● ○ ○ ○ ○
酸度　● ● ● ○ ○
酒精濃度　● ● ○ ○ ○

## 顯性風味

| 榲桲 | 萊姆 | 黃蘋果 | 西洋梨 | 杏仁 |

## 常見風味

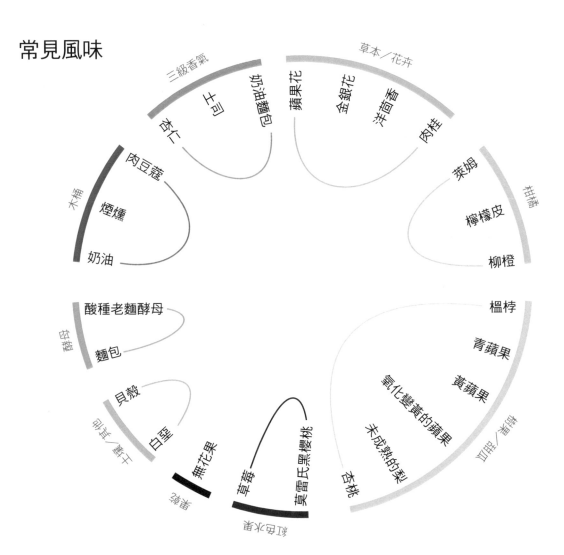

三級香氣
草本／花卉
包覆甲基
土司
杏仁
肉豆蔻
煙燻
奶油
木桶
蘋果花
金銀花
洋茴香
肉桂
萊姆
檸檬皮
柳橙
柑橘
榲桲
青蘋果
黃蘋果
氧化變黃的蘋果
未成熟的梨
杏桃
核果／仁果
酸種老麵酵母
麵包
酵母
貝殼
白堊
礦石／鹹干
無花果
草莓
莫雷氏黑櫻桃
紅色水果
蜜餞

原產地：西班牙

# 產區

◁ 西班牙佩內得斯
◁ 西班牙其他地區

~79,000
英畝

32,000
公頃

氣泡酒杯

冰冷

最長2年

US $5～$10

楊梓　　檸檬　　柳橙　　杏桃

冷涼年份　　　　　　　　　　溫暖年份

**品種**：Cava 主要以三個品種釀製：

Macabeo
又稱為 Viura Macabeu。能為酒款帶來花香、杏桃及漿果風味。

Xarello
增添酸度。

Parellada
帶來木楊梓、蘋果與柑橘風味。

**等級**：Cava 有三個等級，分別以瓶身貼紙或長條標籤作為區別：

Cava（一般）
最短熟成時間為 9 個月。

Reserva
最短熟成時間為 15 個月。

Gran Reserva
最短熟成時間為 30 個月，且標有年份。

Cava 有去油解膩、清理口腔的作用，因而在佐餐上相當百搭。可嘗試搭配紅番椒、墨西哥蛋餅（Huevos Ranchero）、辣醬起司玉米片（Nacho）、Taco 捲餅及炸玉米球。

Cava DO（Denominación de Origen）是唯一的Cava法定產區分級，所代表的與其說是其原產地，更不如說是種酒風。話雖如此，仍約有 95% 的 Cava 產自西班牙佩內得斯地區。

47

# 香檳 Champagne

 "sham-pain"

 傳統法

## 特性概覽

果香 ●●●○○○
酒體 ●○○○○○
甜度 ●○○○○○
酸度 ●●●●○●
酒精濃度 ●●○○○

## 顯性風味

 柑橘

 桃子

 白櫻桃

杏仁

土司

## 常見風味

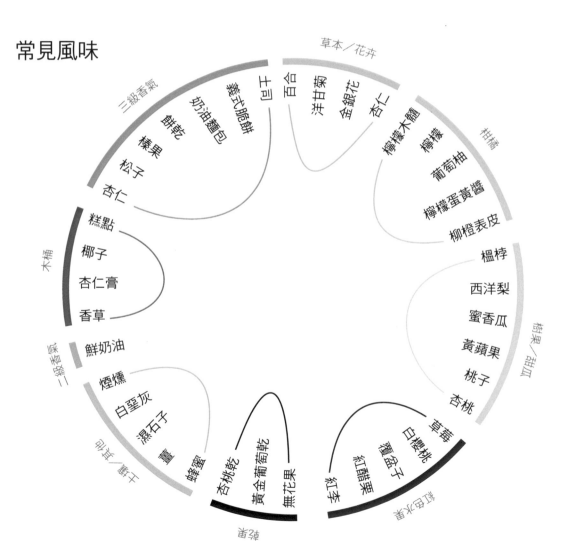

草本／花卉

三級香氣

土司
義式脆餅
奶油麵包
餅乾
榛果
松子
杏仁
糕點
椰子
杏仁膏
香草
鮮奶油
煙燻
白堊灰
濕石子
蜂蜜
杏桃乾
黃金葡萄乾
無花果

百合
洋甘菊
金銀花
杏仁
檸檬木髓
檸檬
葡萄柚
檸檬蛋黃醬
柳橙表皮
榲桲
西洋梨
蜜香瓜
黃蘋果
桃子
杏桃
草莓
白櫻桃
覆盆子
紅醋栗
紅李

木桶

二級香氣

礦物／酵母

柑橘

樹果／甘甜

紅色水果

番石

譯注：檸檬木髓所指的是果皮和果肉間的白色軟皮。

📍 原產地：法國香檳區

# 產區

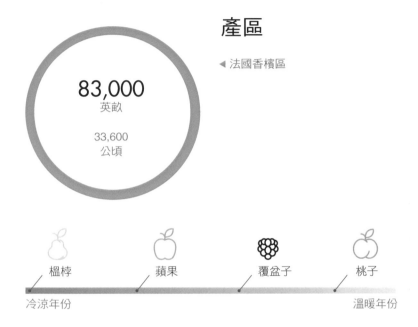

83,000
英畝

33,600
公頃

◀ 法國香檳區

榲桲　　　蘋果　　　覆盆子　　　桃子

冷涼年份　　　　　　　　　　　溫暖年份

笛型杯或白酒杯

冰冷

10年

$ $ $ $ $
US $30＋

**品種：** 香檳區出產白和粉紅兩種香檳，採用品種只有下列三種：

🍇 **黑皮諾**
賦予柳橙和紅色水果風味。

🍇 **皮諾莫尼耶**
增添豐潤度和黃蘋果風味。

🍇 **夏多內**
帶來柑橘及杏仁膏風味。

**常見風格**

🍾 **無年份（Non-Vintage）**
穩定一致的酒廠經典風格

🍾 **白中白（Blanc de Blancs）**
100% 夏多內釀製

🍾 **黑中白（Blanc de Noirs）**
黑皮諾和皮諾莫尼耶釀製

🍾 **粉紅香檳（Rosé）**
具有紅色水果風味

🍾 **年份香檳和特釀款（Special Cuvée）**
長期瓶中陳年的香檳

無年份香檳至少熟成 15 個月。

年份香檳至少熟成 36 個月。

特釀款香檳平均瓶中陳年時間為 6〜7 年，以培養堅果類三級香氣。

90％ 以上的香檳都屬於不甜款（Brut）——每杯含糖量低於0.5 公克。

# 藍布思柯 Lambrusco

 "lam-broos-co"
 酒槽內二次發酵法之「夏瑪槽」

## 特性概覽

果香
酒體
甜度
酸度
酒精濃度

## 顯性風味

草莓

櫻桃

波森莓

大黃

木槿

## 常見風味

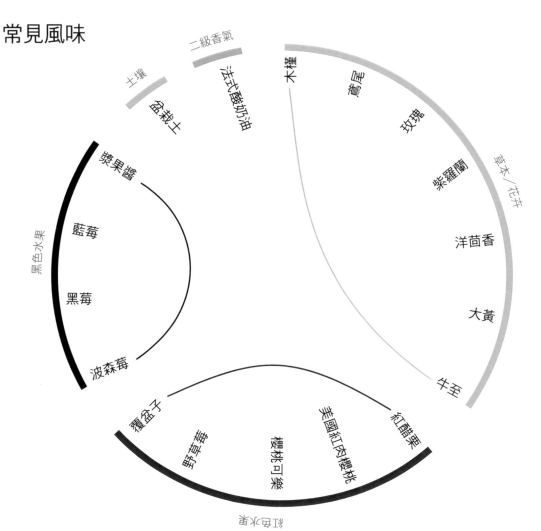

二級香氣
法式酸奶油
土壤
盆栽土

木槿
鳶尾
玫瑰
紫羅蘭
洋茴香
大黃
牛至

草本／花卉

漿果醬
藍莓
黑莓
波森莓

黑色水果

覆盆子
野草莓
櫻桃可樂
美國紅肉櫻桃
紅醋栗

紅色水果

譯注：法式酸奶油的原文 Crème Fraîche，
字意為法式鮮奶油，亦譯法式優酪乳油。

● 原產地：北義

## 產區

33,000
英畝

12,400
公頃

◀ 義大利艾米里亞－羅馬涅及倫巴底

| 大黃 | 野草莓 | 甜櫻桃 | 黑莓 |

冷涼年份　　　　　　　　　　　　　　溫暖年份

紅酒杯或白酒杯

冰涼

最長2年

$$$

US $15～$20

### 不同甜度

◇ 干型 Lambrusco
請認明「Secco」字樣。

◇ 微甜型 Lambrusco
「Semisecco」字樣表示酒款為微甜。

◇◇ 甜型 Lambrusco
當酒標出現「Dolce」及「Amabile」字樣代表酒款屬於甜型。

### 常見風格

🍾 紅色水果和花香
下列酒種／風格屬於較清爽類型：
Lambrusco di Sorbara
Lambrusco Rosato（粉紅酒）

🍾 黑色水果和盆栽土
下列酒種屬於較濃郁類型：
Lambrusco Grasparossa
Lambrusco Salamino
di Santa Croce
Lambrusco Reggiano

優質的 Lambrusco 酒款標有 DOC（Denominazione di Origine Controllata）法定產區字樣。另外，還有一種常見的等級是 IGT（Indicazione Geografica Tipica）。

Lambrusco 是 13 種以上原生葡萄品種的統稱，每種都有各自專屬的特色。栽種面積最廣的兩種為 Lambrusco Salamino 以及 Lambrusco Grasparossa。

# 波賽柯 Prosecco

 "pro-seh-co"

 酒槽內二次發酵法之「夏瑪槽」

## 特性概覽

果香 ●●●●○
酒體 ●●○○○
甜度 ●●○○○
酸度 ●●●○○
酒精濃度 ●●●○○

## 顯性風味

青蘋果　蜜香瓜　西洋梨　金銀花　鮮奶油

## 常見風味

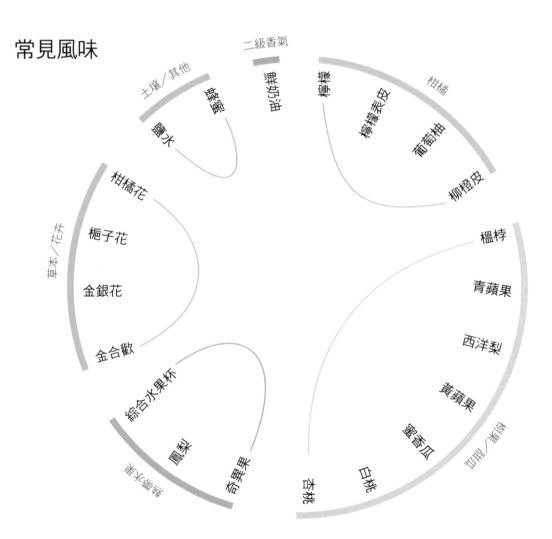

二級香氣

土壤／其他
蘑菇
鹽水
鮮奶油

柑橘
檸檬
檸檬表皮
葡萄柚
柳橙皮

草本／花卉
柑橘花
梔子花
金銀花
金合歡

榅桲
青蘋果
西洋梨
黃蘋果
蜜香瓜
白桃
杏桃

綜合水果杯
鳳梨
奇異果

核果／果類
熱帶水果

葡萄酒風格／氣泡酒

winefolly.com／learn／wine／prosecco

原產地：北義

# 產區

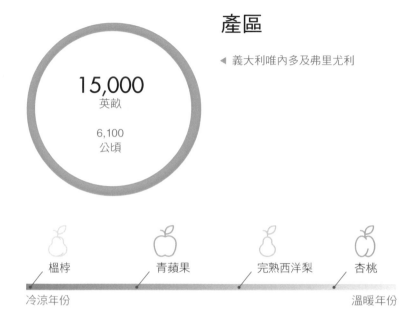

15,000
英畝

6,100
公頃

◀ 義大利唯內多及弗里尤利

白酒杯

冰冷

最長2年

$ $

US $10～$15

楹桲　　　青蘋果　　　完熟西洋梨　　　杏桃

冷涼年份　　　　　　　　　　　　　　　　溫暖年份

---

**不同甜度**

◇ Brut：0～12g/L RS
每杯含糖量最多0.5公克

◇ Extra Dry：12～17g/L RS
每杯含糖量比0.5公克略多，酒款為微甜

◇ Dry：17～32g/L RS
每杯含糖量最多1公克

---

等級：Prosecco 分成主要三等級：

⊘ Prosecco
最普通的 Prosecco 等級

⊘ Prosecco Superiore
依照較嚴格標準生產的更高等級

⊘ Conegliano Valdobbiadene 及 Colli Asolani
Prosecco的兩個頂尖次產區，兩區皆出產Millesimato Prosecco，意即單一年份Prosecco

---

Prosecco 的瓶內壓力約 3 個大氣壓。

可試著搭配醃製肉品及富果味的開胃菜，如火腿甜瓜捲。此外，Prosecco 與口味和油脂豐厚適中的亞洲料理也很合拍，如泰式炒麵和越南河粉。

酒種／波賽柯 Prosecco

# 酒體輕盈型白酒

阿爾巴利諾
Albariño

綠維特林納
Grüner Veltliner

蜜思卡得
Muscadet

灰皮諾
Pinot Gris

白蘇維濃
Sauvignon Blanc

蘇瓦維
Soave

維門替諾
Vermentino

酒體輕盈型白酒以清新的高酸度與不甜的風味著稱。大多數此種白酒都是年輕即適飲，也就是適合在酸度最高且果香最豐富時飲用。

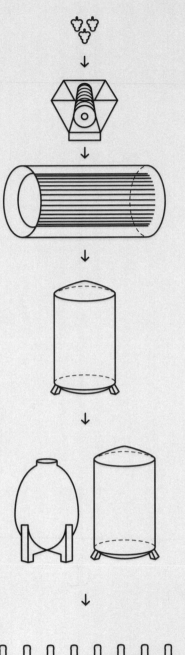

採收白或紅葡萄後，集中篩選。

為成串的葡萄去梗。

榨汁，分離果皮和籽。

將不含葡萄皮的果汁發酵成葡萄酒。

發酵完成的酒液靜置於低溫槽一段時間，以穩定酒質。

經過澄清、裝瓶之後，不久即上市銷售。

# 阿爾巴利諾 Albariño

## 特性概覽

果香 ●●●●●
酒體 ●●●●●
甜度 ●●●●●
酸度 ●●●●●
酒精濃度 ●●●●●

## 顯性風味

檸檬

葡萄柚

油桃

甜瓜

濕石子

## 常見風味

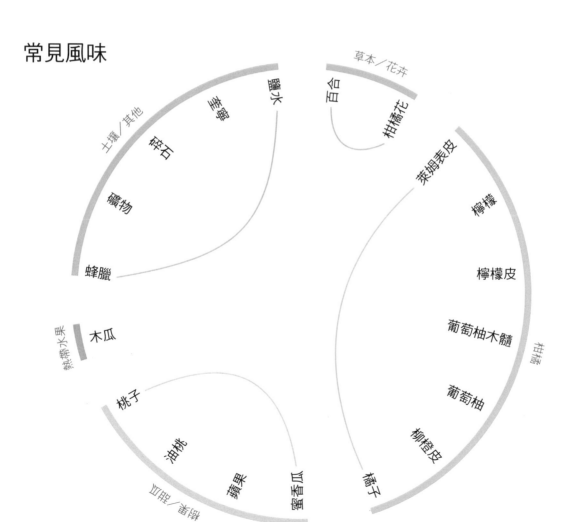

草本／花卉
百合
柑橘花
鹽水
李子
碎石
土壤／其他
礦物
萊姆表皮
蜂臘
檸檬
檸檬皮
葡萄柚木髓
柑橘
葡萄柚
木瓜
熱帶水果
柳橙皮
桃子
油桃
蘋果
蜜香瓜
柑橘／柑橘類
橘子

## 產區

19,000
英畝

～7,700
公頃

◀ 西班牙
◀ 葡萄牙
◀ 美國
◀ 其他地區

檸檬　　　葡萄柚　　　甜瓜　　　桃子

冷涼氣候　　　　　　　　　　　　　溫暖氣候

白酒杯

冰冷

最長2年

$$$

US $15～$20

### 產區

西班牙Rias Baixas
該區90%的葡萄園皆栽種阿爾巴利諾品種。其中Val do Salnés是公認最經典的次產區之一。

葡萄牙Minho
阿爾巴利諾是釀造綠酒（Vinho Verde）的品種之一，綠酒是種爽脆且香氣馥郁的白酒，通常含微少氣泡。

### 香氣

阿爾巴利諾葡萄裡的甜瓜和葡萄柚香氣，源自於一群稱為硫醇的化合物。硫醇常見於冷涼產區的清爽型白酒，如紐西蘭和法國的白蘇維濃，以及北義的灰皮諾。

阿爾巴利諾品種的酒款與泰國菜、摩洛哥料理和印度菜特別合拍。

泰國菜

摩洛哥料理

印度菜

# 綠維特林納 Grüner Veltliner

## 特性概覽

果香　●●●●●
酒體　●●●○○
甜度　●●○○○
酸度　●●●●○
酒精濃度　●●●○○

## 顯性風味

黃蘋果　　青西洋梨　　四季豆　　細葉香芹　　白胡椒

## 常見風味

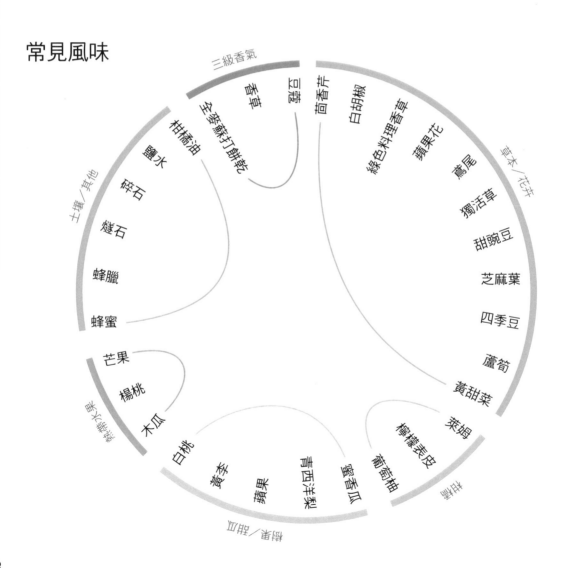

三級香氣

甜豆　香草　全麥蘇打餅乾　柑橘油　鹽水　碎石　燧石　蜂臘　蜂蜜

茴香芹　白胡椒　綠色料理香草　蘋果花　鳶尾　獨活草　甜豌豆　芝麻葉　四季豆　蘆筍　黃甜菜　萊姆　檸檬表皮　葡萄柚　蜜香瓜　青西洋梨　蘋果　黃李　白桃

芒果　楊桃　木瓜

土壤／其他

草本／花卉

柑橘

核果

熱帶水果

非柑橘／蘋果

品種／綠維特林納 Grüner Veltliner

# 產區

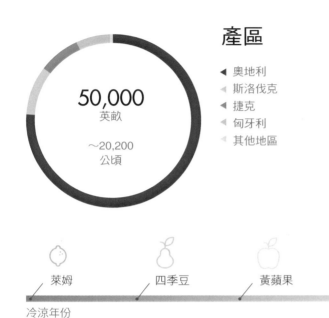

**50,000**
英畝

~20,200
公頃

◀ 奧地利
◁ 斯洛伐克
◀ 捷克
◁ 匈牙利
◁ 其他地區

白酒杯

冰冷

最長2年

**$ $ $**

US $15～$20

萊姆　　　四季豆　　　黃蘋果　　　桃子

冷涼年份　　　　　　　　　　　　　　　　溫暖年份

**等級：** 奧地利的綠維特林納主要分為三等級：

△ Landwein
典型的低酒精散裝葡萄酒

⊖ Qualitätswein
奧地利優質綠維特林納的紅白條紋標誌

**DAC** DAC
Qualitätswein 次產區下的細分類，標示 Classic 風格較清爽，Reserve 則較醇厚

**常見風格**

清新多酸，富活潑柑橘味
此為最常見且最平易近人的風格，口感略微刺激的酸度和簡單直接的甜瓜或萊姆風味為人熟知。若為DAC酒款則標有 Classic 字樣。

豐潤、富果香並有胡椒味
較醇厚的風格，在奧地利酒標多半有 Reserve（DAC）或 Smaragd（from Wachau）字樣。此種酒為不甜干型，有蜂蜜、蘋果、煙燻、芒果和白胡椒味。

綠維特林納與香氣豐富的蔬菜、豆腐及日本料理特別契合。

薑

日本柚子（香橙）

山葵

青蔥

# 蜜思卡得 Muscadet

"muss-kuh-day"
aka：Melon de Bourgogne

## 特性概覽

果香　● ● ○ ○ ○
酒體　● ● ○ ○ ○
甜度　● ○ ○ ○ ○
酸度　● ● ● ● ○
酒精濃度　● ● ○ ○ ○

## 顯性風味

萊姆　　檸檬　　青蘋果　　西洋梨　　貝殼

## 常見風味

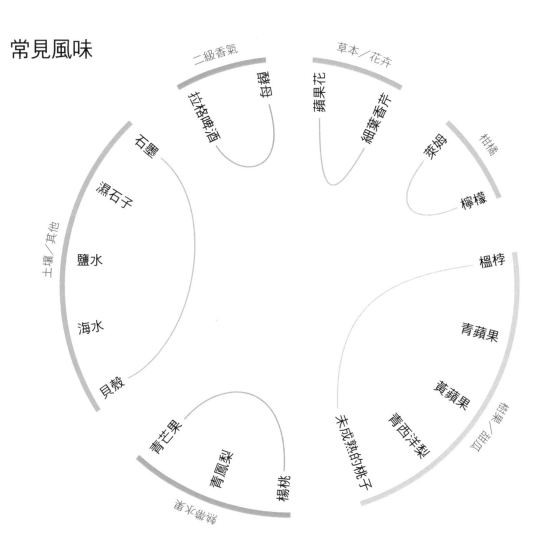

二級香氣
杏仁糊
草本／花卉
蘋果花
細葉香芹
萊姆
柑橘
檸檬
榲桲
青蘋果
黃蘋果
青西洋梨
未成熟的桃子
硬糖／香料
楊桃
青鳳梨
青芒果
熱帶水果
貝殼
海水
鹽水
濕石子
石墨
土壤／其他

## 產區

◀ 法國羅亞爾河流域

31,000
英畝

～12,500
公頃

萊姆　　　檸檬　　　黃蘋果　　　楊桃

冷涼年份　　　　　　　　　　　　　溫暖年份

白酒杯

冰冷

最長2年

$ $
US $10～$15

**品種**：法國 Muscadet 產區的葡萄品種是 Melon de Bour-gogne 或簡稱 Melon。90% 以上的 Muscadet 白酒源於以下兩個產區：

Muscadet Sèvre-et-Maine
70% 以上的 Muscadet 白酒都產自此法定產區

Muscadet
相較於 Muscadet Sèvre-et-Maine，此法定產區的生產規範較寬鬆。

**酒標**：Muscadet 白酒的瓶身經常可看到 sur lie 字樣，即英文的 on the lees，代表酒款曾讓死酵母細胞浸泡在酒液中，培養熟成一段時間。

泡渣培養（lees aging）可增添油滑的口感，且讓酵母賦予酒款麵包類風味。這種作法常見於蜜思卡得、維歐尼耶和馬姍等品種酒款以及許多氣泡酒。

此酒與蝦蟹貝類和炸魚薯條是相當經典的搭配。而由於其擁有高酸度，也適合佐醃漬物和以醋為基底的醬料。

蝦蟹貝類

檸檬

炸物

# 灰皮諾 Pinot Gris

🔊 "pee-no gree"
aka：Pinot Grigio 與 Grauburgunder

## 特性概覽

果香　● ● ○ ○ ○
酒體　● ● ○ ○ ○
甜度　● ○ ○ ○ ○
酸度　● ● ● ○ ○
酒精濃度　● ● ○ ○ ○

## 顯性風味

檸檬

黃蘋果

甜瓜

油桃

桃子

## 常見風味

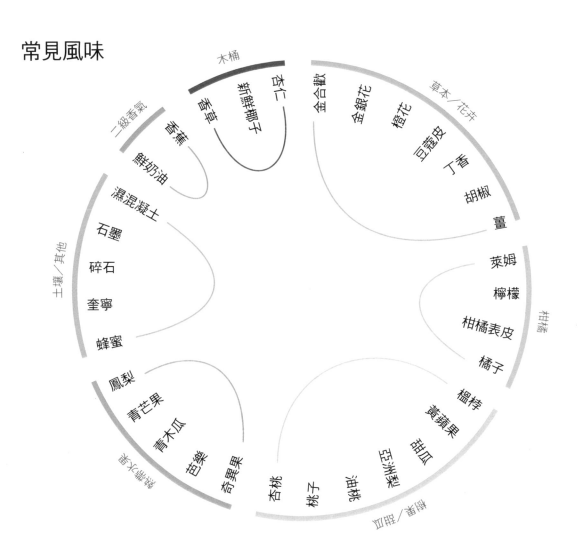

木桶

杏仁　新鮮椰子　香草

二級香氣　香蕉　鮮奶油

濕混凝土

土壤／其他　石墨　碎石　奎寧　蜂蜜

鳳梨　青芒果　青木瓜　芭樂　奇異果

熱帶水果

杏桃　桃子　油桃

核果／果核

亞洲梨　甜瓜　黃蘋果　榲桲

橘子　柑橘表皮　檸檬　萊姆

柑橘

薑　胡椒　丁香　豆蔻皮　橙花　金銀花　金合歡

草本／花卉

● 原產地：法國和義大利

## 產區

**108,000**
英畝

~43,700
公頃

◂ 義大利
◂ 美國
◂ 德國
◂ 澳洲
◂ 法國
◂ 摩爾多瓦
◂ 匈牙利
◂ 其他地區

白酒杯

冰冷

最長5年

萊姆　　　　檸檬　　　　油桃　　　　杏桃

冷涼氣候　　　　　　　　　　　　　　溫暖氣候

**$ $** $ $ $
US $10～$15

**灰皮諾**：皮諾家族常見的四大變種之一：

🍇 **白皮諾**
白葡萄品種

🍇 **灰皮諾**
灰紫色葡萄，可釀成白酒和粉紅酒

🍇 **黑皮諾**
黑葡萄品種，可釀造紅酒和粉紅酒

🍇 **皮諾莫尼耶**
黑葡萄品種，主要用來釀造香檳

### 常見風格

**不甜礦物系**
這類風格多數屬於北義出產的灰皮諾，帶有柑橘調風味與鹹味。

**不甜果香系**
此類風格常見於美國、澳洲等氣候溫暖的產區。

**甘甜果香系**
此風格大多源自法國阿爾薩斯，酒款富有檸檬、桃子和蜂蜜風味。

📖

義大利的 Friuli-Venezia Giulia 產區，有一種風格獨特的灰皮諾酒種名為「Ramato」，是以葡萄汁浸皮約 2 到 3 天的方式，釀出微帶紅銅色調的粉紅酒。

灰皮諾可嘗試搭配味道清爽、肉質鬆軟的魚類料理、螃蟹和質地較軟的牛乳起士，如三倍乳脂（Triple-cream）乳酪。

63

# 白蘇維濃 Sauvignon Blanc

## 特性概覽

果香　●●●●●
酒體　●●○○○
甜度　●○○○○
酸度　●●●●○
酒精濃度　●●●○○

## 顯性風味

 醋栗　　 綠甜瓜　　 葡萄柚　　 白桃　　百香果

## 常見風味

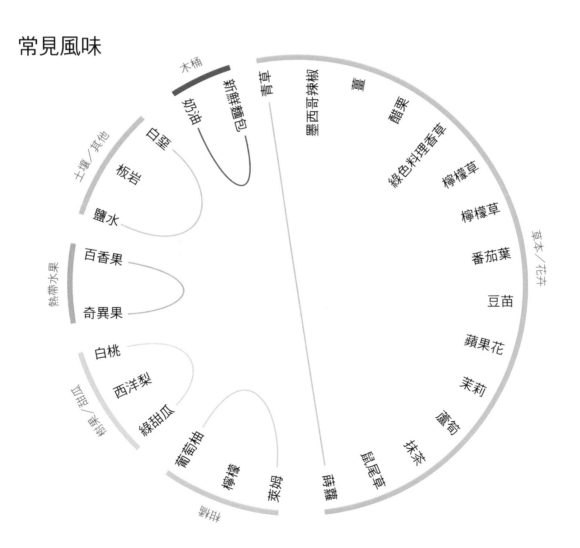

木桶
奶油
新鮮麵包
青草
墨西哥辣椒
薑
醋栗
綠色料理香草
檸檬草
檸檬草
番茄葉
豆苗
蘋果花
茉莉
蘆筍
抹茶
鼠尾草
薄荷
萊姆
檸檬
葡萄柚
綠甜瓜
西洋梨
白桃
奇異果
百香果
鹽水
板岩
白堊
土壤／其他
熱帶水果
草本／花卉
柑橘
核果／甜瓜

64

# 產區

**272,000**
英畝

～110,000
公頃

◀ 法國　　　　◀ 義大利
◀ 紐西蘭　　　◀ 烏克蘭
◀ 智利　　　　◀ 阿根廷
◀ 南非　　　　◀ 其他地區
◀ 摩爾多瓦
◀ 美國
◀ 澳洲
◀ 羅馬尼亞
◀ 西班牙

白酒杯

冰冷

▶
最長 2 年

$ $ $ $ $
US $5～$10

萊姆　　　醋栗　　　甜瓜　　　白桃

冷涼氣候　　　　　　　　　　溫暖氣候

---

**產區差異**：每個產區的白蘇維濃風味都各有不同。以下為依照產區區分的幾個顯性果香範例：

白桃
美國加州北部海岸區

萊姆
法國羅亞爾河谷

百香果
紐西蘭馬爾馬堡

**木桶培養**：1970 年代在加州葡萄酒之父羅伯・蒙岱維（Robert Mondavi）手中一戰成名的釀造風格。當時的另一項創舉，是為這種經過木桶培養的白蘇維濃起了個新名字「Fumé Blanc」（發音為foom-aye blonk）。經木桶培養的白蘇維濃帶有奶油風味，同時仍保有品種招牌的「生青」（green）調性。

西洋梨　　龍蒿　　鮮奶油

喜歡白蘇維濃嗎？你可以在奧地利的綠維特林納、西班牙的維岱荷、法國的大蒙仙和高倫巴，以及義大利的維門替諾等品種找到類似的風味。

卡本內蘇維濃是白蘇維濃與卡本內弗朗的後代，兩個品種的交配在十七世紀於法國西部自然發生。

65

# 蘇瓦維 Soave

■) "swa-vay"

aka：Garganega

## 特性概覽

| | |
|---|---|
| 果香 | ● ● ● ● ● |
| 酒體 | ● ● ● ● ● |
| 甜度 | ● ● ● ● ● |
| 酸度 | ● ● ● ● ● |
| 酒精濃度 | ● ● ● ● ● |

## 顯性風味

醃檸檬

蜜香瓜

鹽水

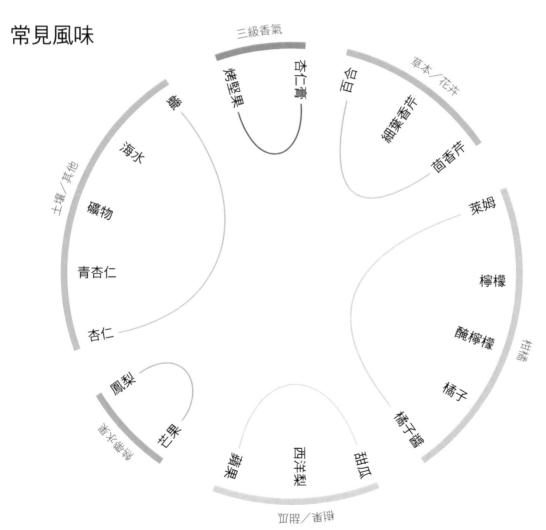
青杏仁

細葉香芹

## 常見風味

三級香氣

烤堅果　杏仁膏

蠟　海水　礦物　青杏仁　杏仁

土壤／其他

草本／花卉

百合　細葉香芹　茴香芹

萊姆　檸檬　醃檸檬　橘子　橘子醬

柑橘

鳳梨　芒果

熱帶水果

蘋果　西洋梨　甜瓜

樹果／果園

譯注：青杏仁指未熟的杏仁。

66

原產地：義大利唯內多

# 產區

◀ 義大利唯內多

**20,000**
英畝

～8,000
公頃

| 檸檬皮 | 青脆西洋梨 | 蜜香瓜 | 芒果 |

冷涼年份　　　　　　　　　　　溫暖年份

白酒杯

冰冷

最長 2 年

$$$
US $15～$20

---

**品種**：葛爾戈內戈（Garganega）是釀造 Soave 白酒的主要品種。優質的葡萄園位於環繞著護城牆的同名小鎮外的陡峭丘陵。

**Soave和Soave Superiore**
產區面積較大。其中，Soave Superiore 要求的瓶中陳年時間較長。

**Soave Classico**
位於丘陵的原始經典產區。

**Soave Colli Scaligeri**
經典產區外圍的山坡葡萄園所產。

**常見風格**

清新多酸，富活潑柑橘味
年輕的 Soave 白酒喝起來有蜜香瓜、橘子醬、鹹味和白桃風味，通常還帶點輕微的青杏仁味。

濃郁，帶蜂蜜味和花香
較老年份的 Soave 白酒喝起來有糖漬茴香芹、番紅花、蜂蜜、烤蘋果及醃檸檬味。若是想找這種風格，請選購酒齡 4 年以上的 Soave。

Soave 與蝦蟹貝類、雞肉、豆腐特別合拍，而一般餐酒搭配較棘手的食材也很適合，如豌豆、扁豆和蘆筍。

葛爾戈內戈與西西里的格來卡尼科（Grecanico）是同一個葡萄品種。西西里的該品種酒款通常會更濃郁，果香也更充沛；Soave 則較偏清瘦爽脆。

67

# 維門替諾 Vermentino

 "vur-men-tino"
aka：Rolle、Favorita、Pigato

## 特性概覽

果香
酒體
甜度
酸度
酒精濃度

## 顯性風味

 萊姆

 葡萄柚

 青蘋果

杏仁

黃水仙

## 常見風味

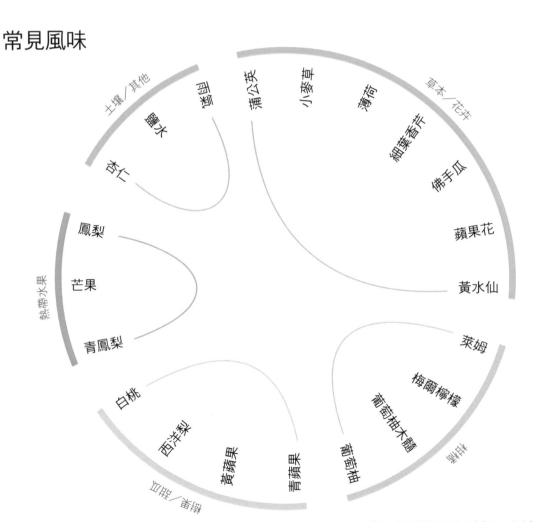

譯注：梅爾檸檬因原產地為中國，亦稱中國檸檬；
雨氣為雨後空氣中特有的青草混合泥土氣味。

# 產區

◀ 南法和科西嘉島
◀ 義大利中部和薩丁尼亞島
◀ 其他地區

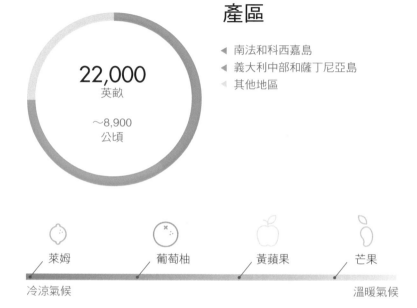

22,000
英畝

～8,900
公頃

萊姆　　　葡萄柚　　　黃蘋果　　　芒果

冷涼氣候　　　　　　　　　　　　　溫暖氣候

白酒杯

冰冷

最長 2 年

$ $

US $10～$15

## 產區

義大利薩丁尼亞島
維門替諾是薩丁尼亞島種植面積第二大的品種。優質的維門替諾白酒產自該島嶼北部地區。

義大利托斯卡尼
維門替諾的葡萄園主要分布在地中海沿岸，並一直延伸至利古里亞。

苦味：維門替諾常以餘韻帶有類似葡萄柚木髓的苦味聞名。一般認為此種風味源自於酚類苦味，並常見於數種不同的義大利白酒，如 Verdicchio、Grechetto di Orvieto 及 Vernaccia di San Gimignano。

因為維門替諾擁有較豐富的複雜度，可搭配味道更厚重的料理，如海鮮濃湯飯（Gumbo）、炸魷魚和番茄製成的各種醬料。

維門替諾在南法名為侯爾（Rolle），也是釀造普羅旺斯粉紅酒的要角之一。

69

# 酒體飽滿型白酒

夏多內
Chardonnay

馬姍混調
Marsanne Blend

榭密雍
Sémillon

維歐尼耶
Viognier

酒體飽滿型白酒以風味濃郁、豐厚著稱。此類酒種通常經過泡渣培養或木桶熟成，以增添奶油、香草和鮮奶油等豐潤的口感與香氣。

採收白或紅葡萄後，集中篩選。

為成串的葡萄去梗。

榨汁，分離果皮和籽。

將不含葡萄皮的果汁發酵成葡萄酒。

發酵完成的酒液在橡木桶培養特定時間。

培養過程中，乳酸菌會將較為「青蘋果味」的蘋果酸，轉換為偏「奶油味」的乳酸。

經過澄清、裝瓶之後，不久即上市銷售。

# 夏多內 Chardonnay

## 特性概覽

果香
酒體
甜度
酸度
酒精濃度

## 顯性風味

黃蘋果　楊桃　鳳梨　奶油　白堊

## 常見風味

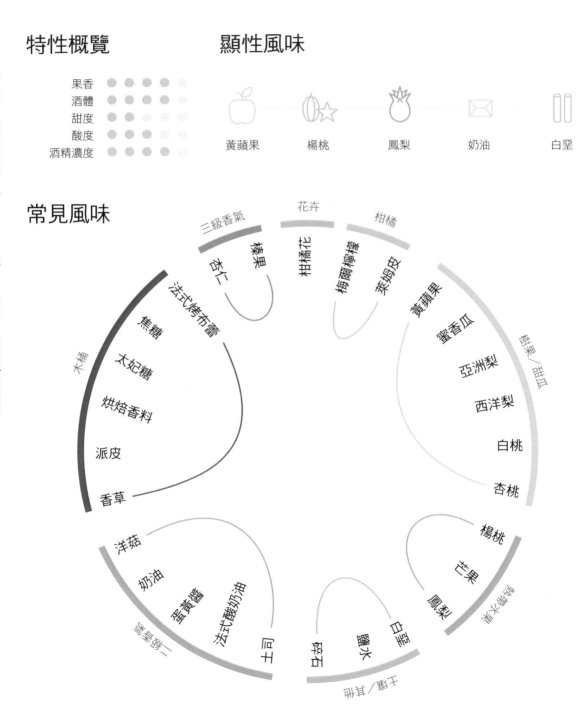

三級香氣
花卉
柑橘

杏仁　榛果
柑橘花
梅爾檸檬　萊姆皮
黃蘋果
蜜香瓜
亞洲梨
西洋梨
白桃
杏桃
楊桃
芒果
鳳梨

法式烤布蕾
焦糖
太妃糖
烘焙香料
派皮
香草

木桶

洋菇
奶油
蛋黃醬
法式酸奶油
土司

一級香氣

石粉
鹽水
白堊

乳糖／其他

樹果／甜瓜

熱帶水果

# 產區

491,000
英畝

～199,700
公頃

◁ 法國　　　◁ 摩爾多瓦
◁ 美國　　　◁ 紐西蘭
◁ 澳洲　　　◁ 其他地區
◁ 義大利
◁ 智利
◁ 南非
◁ 西班牙
◁ 阿根廷

白酒杯

冰涼

最長5年

$ $ $

US $15～$20

榲桲　　　檸檬　　　黃蘋果　　　鳳梨

冷涼氣候　　　　　　　　　　　　　溫暖氣候

**產區差異**

 鳳梨與黃蘋果
● 加州
● 南澳
● 西班牙
● 南非
● 阿根廷
● 南義

 榲桲與楊桃
● 法國布根地
● 北義
● 智利海岸區
● 紐西蘭
● 西澳
● 美國奧勒岡

**常見風格**

過桶，豐潤而富奶油香氣
產自加州、智利、澳洲、阿根廷、西班牙和布根地伯恩丘。

未過桶，清新帶柑橘味
未經木桶培養的風格產於法國馬貢、夏布利及西澳。

氣泡酒
標有「白中白」（Blanc de Blancs）字樣的氣泡酒以夏多內釀成。

飲用豐潤而富奶油香氣的夏多內時，建議將適飲溫度提高至13℃。微微提升溫度可令酒款在杯肚散發更多香氣，讓整體風味更鮮明。

夏多內是全球栽種面積最廣的白葡萄品種。

Bourgogne Blanc 通常都會是以100% 的夏多內釀成。

73

# 馬姍混調 Marsanne Blend

◀ "mar-sohn"
aka：教皇新堡白酒（Châteauneuf-du-Pape Blanc）
、隆河丘白酒（Côtes du Rhône Blanc）

葡萄酒風格／酒體飽滿型白酒
winefolly.com / learn / wine / marsanne-blend

## 特性概覽

果香
酒體
甜度
酸度
酒精濃度

## 顯性風味

 榲桲　　 椪柑　　 杏桃　　 金合歡　　 蜂蠟

## 常見風味

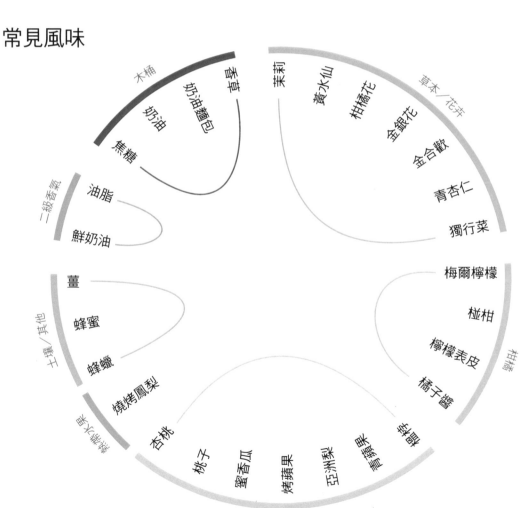

木桶
　香草
　奶油麵包
奶油
焦糖

二級香氣
　油脂
　鮮奶油

薑
蜂蜜
蜂蠟
燒烤鳳梨
杏桃
桃子
蜜香瓜
烤蘋果
亞洲梨
青蘋果
榲桲

土壤／其他
熱帶水果
核果／樹果

茉莉
黃水仙
柑橘花
金銀花
金合歡
青杏仁
獨行菜

草本／花朵

梅爾檸檬
椪柑
檸檬表皮
橘子醬

柑橘

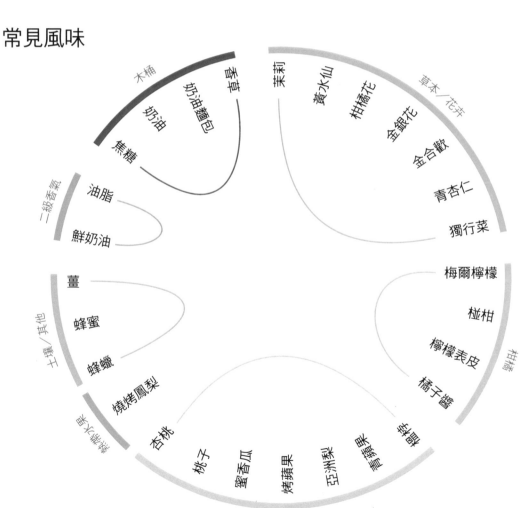

白酒杯

冰涼

最長5年

$ $ $

US $15～$20

# 混調品種

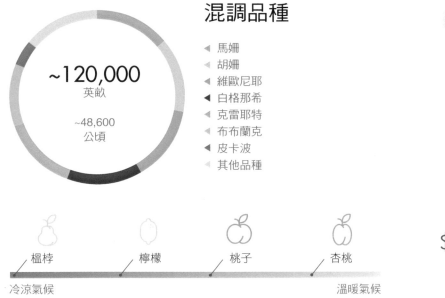

~120,000
英畝

~48,600
公頃

◀ 馬珊
◀ 胡珊
◀ 維歐尼耶
◀ 白格那希
◀ 克雷耶特
◀ 布布蘭克
◀ 皮卡波
◀ 其他品種

榅桲　　　檸檬　　　桃子　　　杏桃

冷涼氣候　　　　　　　　　　溫暖氣候

**法國**：一般而言，法國隆河的混調白酒因為以多種品種調配而成，多半酒體輕盈，其中包含馬珊、胡珊、白格那希、克雷耶特、布布蘭克與維歐尼耶等品種。

**美國**：自從 Paso Robles 區的 Tablas Creek 酒莊開始栽種由教皇新堡的 Château de Beaucastel 引進之切枝後，美國逐漸流行起馬珊與其他隆河白葡萄品種。

**混調**：由於此種調配可採用的品種繁多，特定酒款的風味便取決於其中占比較高的主要品種。

　桃子和花香
維歐尼耶

　西洋梨和蜂蠟
馬珊與胡珊

　柑橘果香
其他

如果偏好較濃郁的風格，請選擇維歐尼耶和馬珊占比較高的隆河白酒。

一如其名，隆河的混調白酒發源地正是法國南部的隆河谷地，今日該產區的白酒產量僅占整體的6%。

75

# 榭密雍 Sémillon

## 特性概覽

果香 ●●●○○
酒體 ●●●○○
甜度 ●●○○○
酸度 ●●●○○
酒精濃度 ●●●○○

## 顯性風味

檸檬　蜂蠟　黃桃　洋甘菊　鹽水

## 常見風味

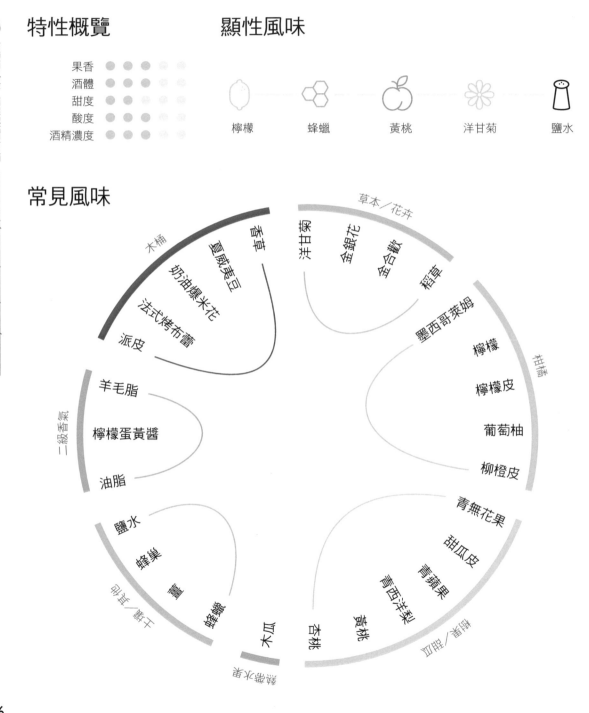

木桶
香草
夏威夷豆
奶油爆米花
法式烤布蕾
派皮

草本／花卉
鹹甘苳
金銀花
金合歡
稻草

二級香氣
羊毛脂
檸檬蛋黃醬
油脂

墨西哥萊姆
檸檬
檸檬皮
葡萄柚
柳橙皮

柑橘

鹽水
蜂巢
薑
蜂蠟
木瓜
杏桃

核果／樹木
黃桃
青西洋梨
青蘋果
甜瓜皮
青無花果

熟成／陳年

🔻 原產地：法國

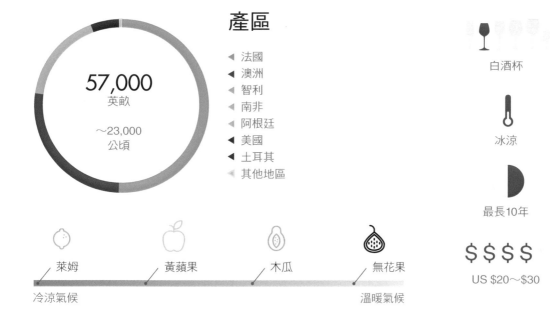

# 產區

57,000
英畝

~23,000
公頃

◀ 法國
◀ 澳洲
◀ 智利
◀ 南非
◀ 阿根廷
◀ 美國
◀ 土耳其
◀ 其他地區

白酒杯

冰涼

最長10年

$ $ $ $
US $20～$30

萊姆　　　黃蘋果　　　木瓜　　　無花果

冷涼氣候　　　　　　　　　　　　溫暖氣候

**產區差異：**若比較不同產區的榭密雍品種酒款，將會發現其中有些風味差異：

🍋 萊姆、鹽水及洋甘菊
● 法國波爾多
● 澳洲獵人谷
● 美國華盛頓州

木瓜、蘋果和檸檬蛋黃醬
● 南非
● 加州

## 常見風格

波爾多混調白酒
以白蘇維濃和榭密雍混調，為富活潑柑橘味的高酸度白酒，在波爾多的格拉夫、澳洲的獵人谷和美國華盛頓州都有出產。

經木桶陳年的榭密雍
經木桶培養的榭密雍酒款只有極少數。這類風格可在法國波爾多的貝沙克－雷奧良、南澳的巴羅沙谷地及美國華盛頓州等產區找到。

甜點酒
榭密雍是法國索甸地區的重要品種，這是產於法國波爾多且富有蜂蜜味的甜酒，以榭密雍、白蘇維濃和蜜思卡岱品種製成。

# 維歐尼耶 Viognier

## 特性概覽

果香 ●●●●○
酒體 ●●●○○
甜度 ●●○○○
酸度 ●●○○○
酒精濃度 ●●●○○

## 顯性風味

橘子

桃子

芒果

金銀花

玫瑰

## 常見風味

木桶
多香果
豆蔻皮
焦化奶油
焦糖
香草

金銀花
紫羅蘭
橙花
玫瑰
玫瑰水
百花香
白胡椒
洋茴香

草本／花卉

二級香氣
油脂
杏仁
鮮奶油

碎石
蜂蠟

堅果／礦土

鳳梨
芒果

熱帶水果

杏桃
桃子
油桃
蜜香瓜

核果／甜瓜

萊姆
檸檬
柳橙
橘子

柑橘類

譯注：百花香（Potpourri）指一種罐裝的乾燥花瓣加混合香料，多用做室內芳香劑。

78

● 原產地：南法

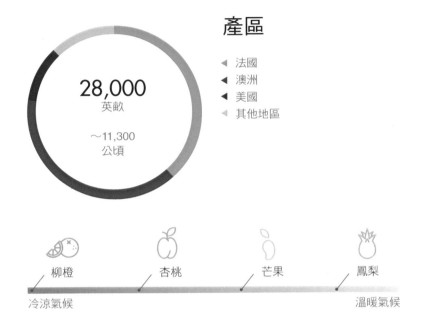

## 產區

28,000
英畝

～11,300
公頃

◄ 法國
◄ 澳洲
◄ 美國
◄ 其他地區

白酒杯

冰涼

最長2年

$ $ $ $ $
US $20～$30

柳橙　　杏桃　　芒果　　鳳梨

冷涼氣候　　　　　　　　　溫暖氣候

---

### 產區

📍 法國
隆河谷地和隆格多克─
胡西雍

📍 澳洲
南澳，包含巴羅沙谷地

📍 美國
加州中部海岸，包含帕
索羅伯斯

### 常見風格

🍾 萊姆、花香與礦石風味
常見於冷涼氣候產區，通
常採用不鏽鋼桶釀造且不
經乳酸發酵。

🍾 杏桃、玫瑰和香草
產於溫暖氣候的維歐尼耶
經木桶培養，因乳酸發酵
與隨之降低的酸度，展現
更豐潤的風味。

🍾 甜桃和花香
法國北隆河的小產區恭得
里奧（Condrieu）出產非
常珍稀的微甜維歐尼耶。

# 芳香型白酒

白梢楠
Chenin Blanc

格烏茲塔明那
Gewürztraminer

白蜜思嘉
Muscat Blanc

麗絲玲
Riesling

多隆帝斯
Torrontés

芳香型白酒擁有豐富的香氣和甘甜的水果氣味，口感從不甜到甘甜不等。芳香型白酒是亞洲和印度料理的理想搭檔，因為它們與酸甜風味非常契合，且能緩和消解辛辣醬料帶給口腔的燒灼感。

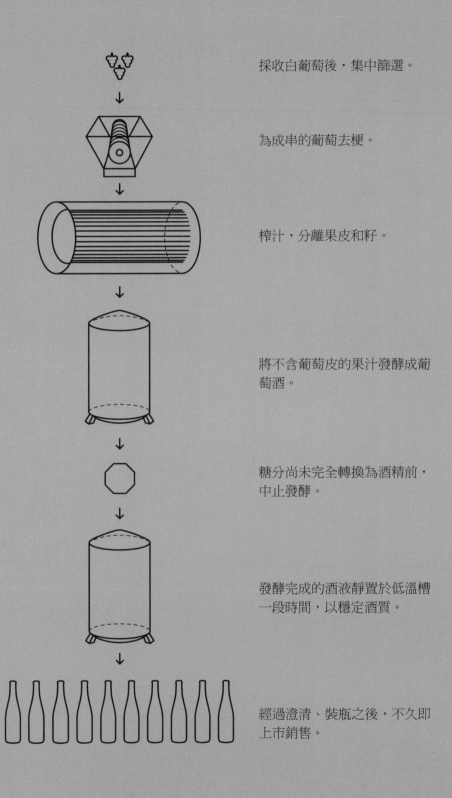

採收白葡萄後，集中篩選。

為成串的葡萄去梗。

榨汁，分離果皮和籽。

將不含葡萄皮的果汁發酵成葡萄酒。

糖分尚未完全轉換為酒精前，中止發酵。

發酵完成的酒液靜置於低溫槽一段時間，以穩定酒質。

經過澄清、裝瓶之後，不久即上市銷售。

# 白梢楠 Chenin Blanc

 "shen-in blonk"
aka：Steen、Pineau、梧雷（Vouvray）

## 特性概覽

果香 ●●● ○○
酒體 ● ○○○○
甜度 ● ● ○○○
酸度 ●●● ○○
酒精濃度 ●● ○○○

## 顯性風味

檸檬　　黃蘋果　　西洋梨　　蜂蜜　　洋甘菊

## 常見風味

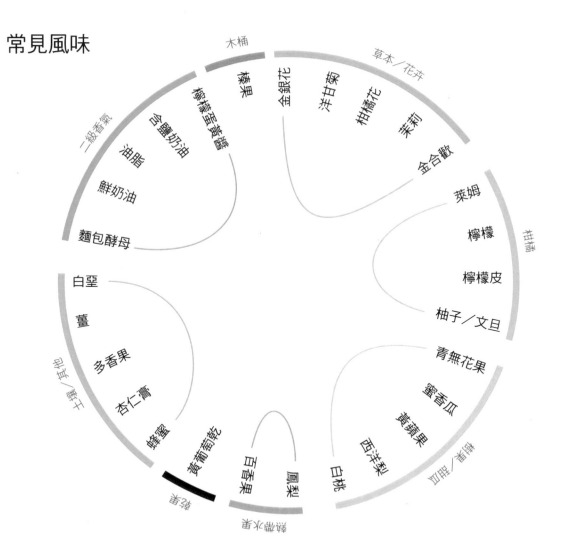

木桶
榛果
檸檬蛋黃醬
含鹽奶油
油脂
鮮奶油
麵包酵母
二級香氣

金銀花
洋甘菊
柑橘花
茉莉
草本／花卉
金合歡
萊姆
檸檬
檸檬皮
柚子／文旦
柑橘

青無花果
蜜香瓜
黃蘋果
西洋梨
白桃
熱帶／果樹

白堊
薑
多香果
杏仁膏
蜂蜜
其他

黃葡萄乾
百香果
鳳梨
辛香水果
乾燥

## 產區

87,000
英畝

35,200
公頃

◀ 南非
◀ 法國
◀ 阿根廷
◀ 美國
◀ 其他地區

白酒杯

冰涼

最長2年

$

US $5～$10

檸檬　　西洋梨　　鳳梨　　蜂蜜

冷涼氣候　　　　　　　　溫暖氣候

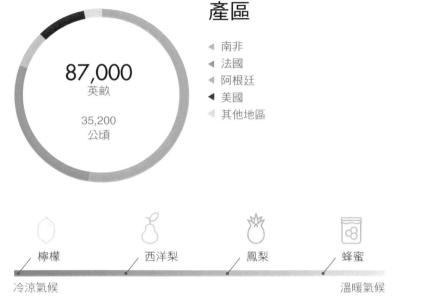

### 常見風格

**氣泡酒**
氣泡酒的產地有羅亞爾河谷的梧雷、梭密爾及蒙路易；而在南非白梢楠則是用來釀造南非經典氣泡酒（Méthode Cap Classique）的品種之一。

**清新多酸，帶活潑柑橘味**
這種富萊姆和龍蒿風味的不甜白酒風格，常見於南非白梢楠和羅亞爾河流域所產的價格實惠酒款，標有「Sec」字樣的酒款。

**桃子與花香**
南非也出產風格濃郁豐潤的白梢楠，帶有油桃、蜂蜜及蛋白霜脆餅風味。羅亞爾河的安茹、蒙路易和梧雷，碰上溫暖的年份也會產出此類風格。

**貴腐菌甜點酒**
某些年份，霧氣會在安茹靠近河岸的葡萄園聚集，此時便會產生為甜酒增添薑糖風味的貴腐菌（Noble rot）。

偶爾，你喝到的白梢楠可能會有黃蘋果碰傷後出現的味道——氧化酒的特徵。某些白梢楠酒則是故意釀成這樣的風格，如羅亞爾河的Savennières。

南非的白梢楠許多都是為了生產白蘭地而栽種。

# 格烏茲塔明那 Gewürztraminer

“ga-veertz-tram-ee-ner”

## 特性概覽

| | |
|---|---|
| 果香 | ●●●●● |
| 酒體 | ●●●○○ |
| 甜度 | ●●●○○ |
| 酸度 | ●○○○○ |
| 酒精濃度 | ●●●●○ |

## 顯性風味

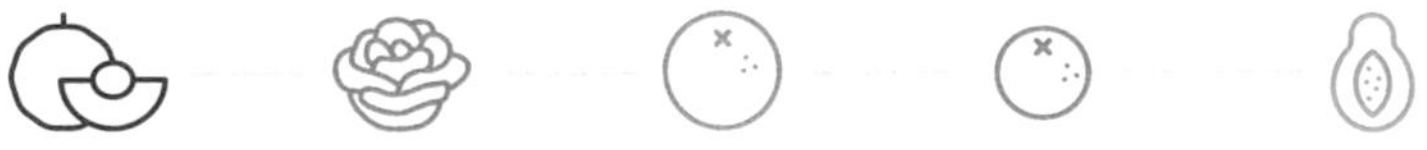

荔枝　玫瑰　紅肉葡萄柚　橘子　芭樂

## 常見風味

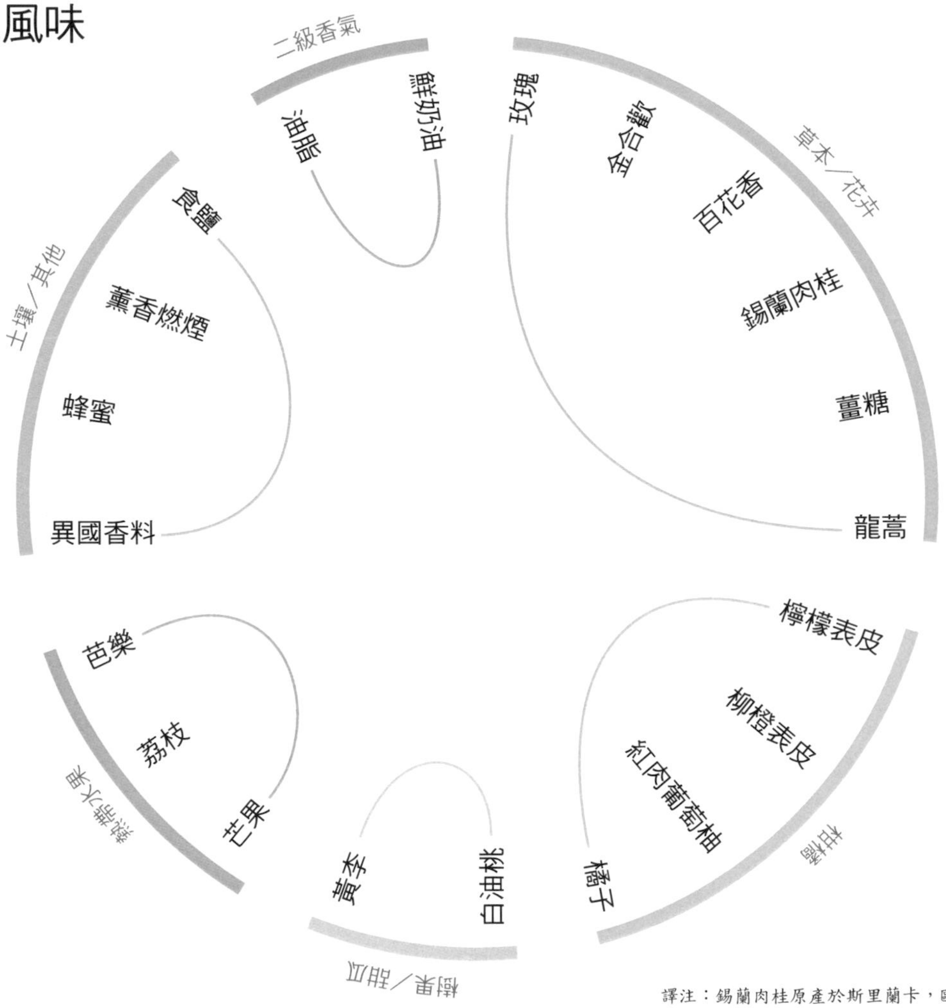
二級香氣
油脂
鮮奶油
草本／花卉
玫瑰
金合歡
百花香
錫蘭肉桂
薑糖
龍蒿
土壤／其他
食鹽
薰香燃煙
蜂蜜
異國香料
柑橘
檸檬表皮
柳橙表皮
紅肉葡萄柚
橘子
樹果／甜瓜
黃李
白油桃
熱帶水果
芭樂
荔枝
芒果

譯注：錫蘭肉桂原產於斯里蘭卡，歐美地區通常直接簡稱肉桂，與中藥所用的桂皮不同。

● 原產地：德國和法國

## 產區

35,000
英畝

14,000
公頃

◀ 法國
◀ 摩爾多瓦
◀ 烏克蘭
◀ 澳洲
◀ 德國
◀ 美國
◀ 匈牙利
◀ 其他地區

橘子　　玫瑰　　荔枝　　芭樂

冷涼氣候　　　　　　　　　溫暖氣候

白酒杯

冰涼

最長2年

$ $

US $10～$15

可嘗試以格烏茲塔明那搭配港式點心、越南菜、鍋貼與餛飩湯。

一般而言，格烏茲塔明那在上市後的一到兩年內為最佳賞味期。這是為了確保享有酒款生命週期中的最高酸度，為酒增添爽脆、清新的風味。

## 常見風格

### 不甜與微甜

格烏茲塔明那在某些產區釀有讓人產生甘甜錯覺的香氣與花香，但口感卻是完全不甜。這類風格可在義大利的鐵恩提諾—上阿第杰與法國阿爾薩斯找到，另外在加州較冷涼的地區也有，如門多西諾和蒙特雷。法國阿爾薩斯的不甜格烏茲塔明那質地豐潤而油滑，並帶有輕微的鹹味。

### 甜點酒

阿爾薩斯出產兩種以格烏茲塔明那釀製、品質極高的甜酒：遲摘（Vendange Tardive）與貴腐（Sélection de Grains Nobles, SGN）。SGN 是以受貴腐菌感染的葡萄釀成，而 Vendange Tardive 即是英文的遲摘（Late Harvest）。這類甜酒通常較稀有且售價高昂。

85

# 白蜜思嘉 Muscat Blanc

"mus-kot blonk"
aka：Moscato d' Asti、Moscatel、Muscat Blanc
à Petit Grains、Muscat Canelli、Muskateller

## 特性概覽

果香　●●●●●
酒體　●○○○○
甜度　●●●●○
酸度　●●●●○
酒精濃度　●○○○○

## 顯性風味

梅爾檸檬

椪柑

西洋梨

橙花

金銀花

## 常見風味

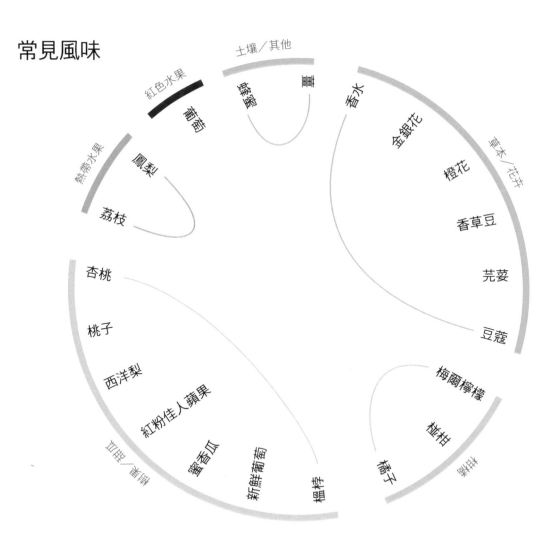

土壤／其他

紅色水果
葡萄

礦物質
堇菜

香水

金銀花

橙花

香草豆

芫荽

豆蔻

草本／花卉

熱帶水果
鳳梨
荔枝

杏桃
桃子
西洋梨
紅粉佳人蘋果
蜜香瓜
新鮮葡萄
榅桲

梅爾檸檬
椪柑
土檸
柑橘

甜瓜／番瓜

## 產區

77,000
英畝

31,000
公頃

◀ 義大利
◀ 法國
◀ 希臘
◀ 西班牙
◀ 巴西
◀ 美國
◀ 葡萄牙
◀ 其他地區

依風格選擇

冰涼

▶

最長2年

$ $

US $10～$15

檸檬　　　椪柑　　　完熟甜瓜　　　荔枝

冷涼氣候　　　　　　　　　　　　　溫暖氣候

**品種：** 白蜜思嘉是古老的葡萄品種，擁有數個親緣相當接近的變種：

🍇 亞歷山大蜜思嘉（Muscat of Alexandria）
最古老的品種，據說是埃及豔后的最愛

🍇 黃蜜思嘉（Muscat Giallo）
古羅馬時代流傳下來的義大利品種

🍇 歐托內蜜思嘉（Muscat Ottonel）
源自於奧圖曼帝國（Ottoman Empire）的不甜型蜜思嘉

**常見風格**

不甜香氣型
此種風格最經典的產區有義大利的上阿第杰、德國與法國的阿爾薩斯。

含微量氣泡的甜型
Moscato d'Asti 是最知名的白蜜思嘉酒種，其產地為北義的皮蒙區。

蜜思嘉甜點酒
部分產區出產以蜜思嘉釀成的甜酒，殘糖最高可達每公升200克，質地接近熱楓糖漿般黏稠。

# 麗絲玲 Riesling

## 特性概覽

果香 ●●●●●
酒體 ●○○○○
甜度 ●●●○○
酸度 ●●●●●
酒精濃度 ●○○○○

## 顯性風味

萊姆　　青蘋果　　蜂蠟　　茉莉　　石油

## 常見風味

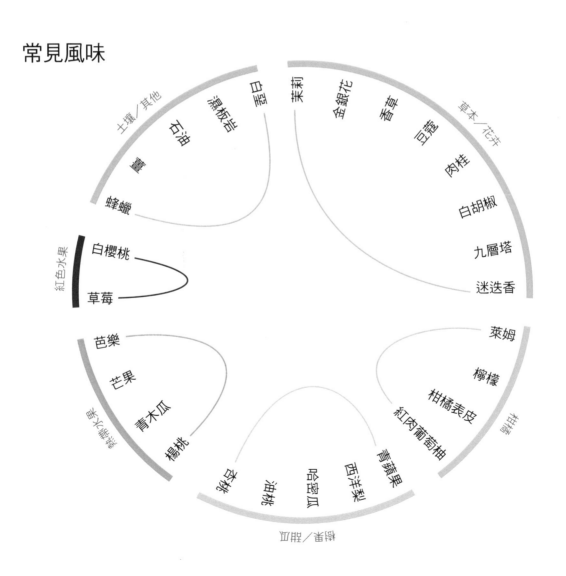

土壤／其他
白堊
濕板岩
石油
黏土
蜂蠟

茉莉
金銀花
香草
豆蔻
肉桂
白胡椒
九層塔
迷迭香
草本／花卉

紅色水果
白櫻桃
草莓

芭樂
芒果
青木瓜
楊桃
熱帶水果

萊姆
檸檬
柑橘表皮
紅肉葡萄柚
柑橘

荔枝
蜜桃
杏桃
西洋梨
青蘋果
核果／蘋果

## 產區

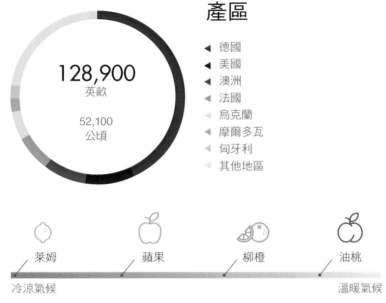

128,900
英畝

52,100
公頃

◀ 德國
◀ 美國
◀ 澳洲
◀ 法國
◁ 烏克蘭
◁ 摩爾多瓦
◁ 匈牙利
◁ 其他地區

白酒杯

冰涼

最長 10 年

$ $

US $10～$15

萊姆　　　　　蘋果　　　　　柳橙　　　　　油桃

冷涼氣候　　　　　　　　　　　　　　溫暖氣候

## 🌏 產區

**德國**
德國以出產全球最頂級的麗絲玲聞名，風格從不甜到甜型都有。

德國酒標示與甜度

| | |
|---|---|
| Trockenbeerenauslese9(TBA) | 極甜 |
| Beerenauslese(BA) | |
| Auslese | 甜 |
| Spätlese | |
| Kabinett | 微甜 |
| Halbtrocken | |
| Feinherb | 不甜 |
| Trocken | |

**美國**
華盛頓州和紐約州均有出產不甜和甜型風格的麗絲玲。

**澳洲**
克雷兒谷地和艾登谷地出產帶有萊姆和石油香氣的不甜麗絲玲。

**法國**
產自阿爾薩斯的典型麗絲玲風格為不甜型。

✏️
不確定某支酒是甜還是不甜？通常來說，若酒款的酒精含量偏低（酒精濃度9％以下），就可以猜測它屬於帶甜味的陣營。

🍴
甜型麗絲玲與大量運用辛香料的料理搭配得宜，如印度菜和泰國菜。不甜型麗絲玲則有足夠的酸度能與略帶油脂的肉類在口中完美契合，如鴨肉和培根。

# 多隆帝斯 Torrontés

## 特性概覽

果香　●●●●●
酒體　●●○○○
甜度　●●○○○
酸度　●●●○○
酒精濃度　●●●○○

## 顯性風味

梅爾檸檬　　桃子　　檸檬皮　　玫瑰花瓣　　天竺葵

## 常見風味

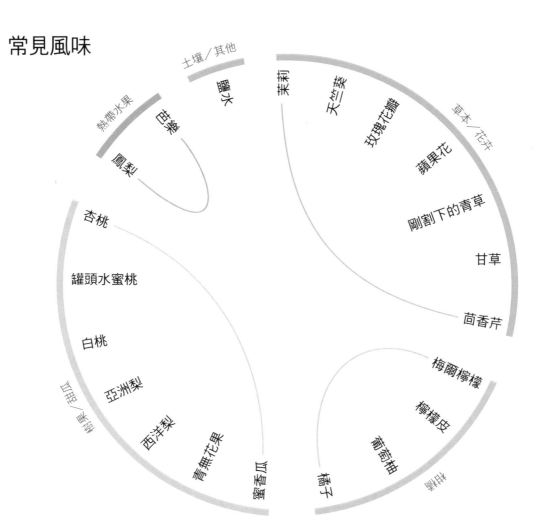

土壤／其他
鹽水

熱帶水果
甘蔗
鳳梨

茉莉
天竺葵
玫瑰花瓣
蘋果花
剛割下的青草
甘草

草本／花卉

茴香芹

杏桃
罐頭水蜜桃
白桃
亞洲梨
西洋梨
青無花果
蜜香瓜

甜美／果香

梅爾檸檬
檸檬皮
葡萄柚
柑橘

柑橘

90

# 產區

21,000
英畝

85,00
公頃

◀ 阿根廷
◀ 其他地區

白酒杯

冰涼

最長 2 年

$

US $5～$10

梅爾檸檬　　蜜香瓜　　　　完熟西洋梨　罐頭水蜜桃

冷涼年份　　　　　　　　　　　　　　溫暖年份

**常見風格**

不甜，帶活潑柑橘味
阿根廷的沙爾塔以出產
不甜型多隆帝斯酒款著
稱，此類酒種含有葡萄
柚、檸檬皮、豆蔻與鹽
水等風味。

一抹甘甜
產自阿根廷門多薩和中
南美洲聖胡安等溫暖產
區的多隆帝斯酒款，嘗
起來較甘甜，帶有桃子
和芭樂風味。

沙爾塔的高海拔葡萄園以出產
高品質的多隆帝斯酒款聞名。

多隆帝斯是阿根廷的原生品
種，由亞歷山大蜜思嘉和智利
品種巴依絲自然雜交生成。

可嘗試用多隆帝斯搭配調味精
緻的肉類和糖醋類酸甜醬汁，
如味噌醬海鱸魚或照燒芝麻豆
腐。

魚和壽司

燉煮豆腐

# 粉紅酒

## 粉紅酒
Rosé

粉紅酒是將紅葡萄連皮一起浸泡在果汁一段時間而釀成。每個葡萄酒主要生產國都有出產粉紅酒，採用的葡萄品種也幾乎無所不包，紅白都有。風味從不甜到甜型不等，如田帕尼優葡萄釀成的粉紅酒通常都是不甜帶鮮味（savory）；而白金芬黛酒款則幾乎一定是甜美果香的風格。

採收紅葡萄後，集中篩選。

為成串的葡萄去梗。

將果汁連皮一起置於發酵槽，
一起進行短時間的發酵。

酒液變成深紅色之前，分離果
皮。

在去除果皮的情況下，完成發
酵。

發酵完成的酒液靜置於低溫槽
一段時間，以穩定酒質。

經過澄清、裝瓶之後，不久即
上市銷售。

# 粉紅酒 Rosé

 "rose-aye"
aka：Rosado、Rosato、Vin Gris

## 特性概覽

果香　●●●●●
酒體　●●●○○
甜度　●●○○○
酸度　●●●○○
酒精濃度　●●●○○

## 顯性風味

 草莓

 蜜香瓜

 玫瑰花瓣

 芹菜

 柳橙皮

## 常見風味

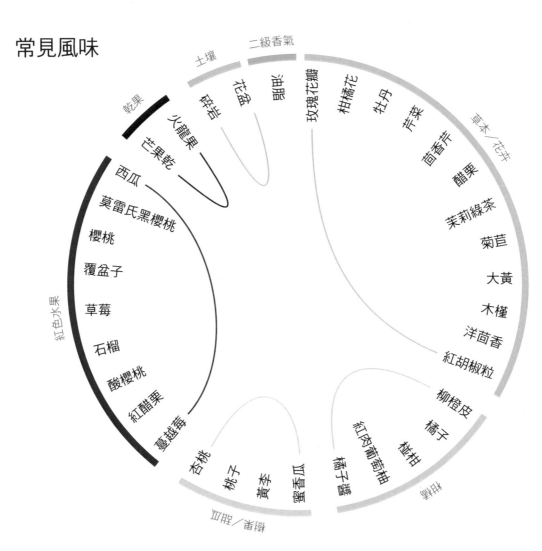

土壤　二級香氣

花岡岩
黏土
花卉
奶油
玫瑰花瓣
柑橘花
牡丹
芹菜
茴香芹
醋栗
茉莉綠茶
菊苣
大黃
木槿
洋茴香
紅胡椒粒
柳橙皮
橘子
椪柑

草本/花卉

柑橘類

乾果
火龍果
芒果乾
西瓜
莫雷氏黑櫻桃
櫻桃
覆盆子
草莓
石榴
酸櫻桃
紅醋栗
蔓越莓

紅色水果

杏桃
桃子
黃李
蜜香瓜
鮮切柑橘
紅肉葡萄柚

核果/甜瓜

📍 原產地：不明

香氣集中型

冰涼

▶
最長 2 年

US $5～$10

酒種／粉紅酒 Rosé

## 釀造區

30億
瓶

葡萄酒總量的 9%
2012 年

◀ 法國
◀ 義大利
◀ 美國
◀ 西班牙
◀ 其他地區

蔓越莓　　　紅醋栗　　　莫雷氏黑櫻桃　覆盆子

冷涼氣候　　　　　　　　　　　　　　　溫暖氣候

---

🌎

## 產區

**法國**
法國的粉紅酒為不甜
型，主要產於普羅旺斯
和隆格多克—胡西雍。
典型採用的品種為格那
希和希哈。

**義大利**
義大利的粉紅酒 Rosato
於全國各地都有出產，
採用當地單一或多種原
生品種釀成。

**美國**
每年都產出許多粉紅酒
的新風格，但產量最大
的當屬白金芬黛酒款。

**西班牙**
西班牙的粉紅酒包括濃
厚紮實、帶點肉香的田
帕尼優，以及擁有糖漬
葡萄柚風味與明亮紅寶
石色澤的格那希。

香氣集中型酒杯能突顯一般白
酒杯較難呈現的細緻花香。

📖

多數美國的金芬黛葡萄都是用
來釀造白金芬黛酒款。

# 酒體輕盈型紅酒

加美
Gamay

黑皮諾
Pinot Noir

清爽型紅酒色澤透明，且通常擁有恰到好處的高酸度。它們最為人熟知的特性是芬芳醉人的香氣，此特性在大杯肚的氣球型酒杯中最為明顯。

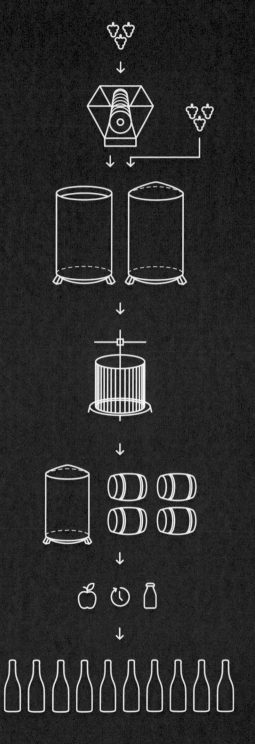

採收紅葡萄後，按照品質和熟度集中篩選。

為成串的葡萄去梗，或直接一整串投入發酵。

果汁連皮一起在發酵槽進行發酵。

輕柔地榨汁，分離果渣（籽、梗、皮等）。

酒液置於酒桶熟成一段時間。

熟成期間，乳酸菌會將「青蘋果般」尖銳的蘋果酸，轉換為「奶油般」溫和的乳酸。

經過澄清、裝瓶之後，不久即上市銷售。

# 加美 Gamay

🔊 "gam-may"
aka：黑加美或薄酒來（Beaujolais）

## 特性概覽

| | |
|---|---|
| 果香 | ●●●○○ |
| 酒體 | ●●○○○ |
| 單寧 | ●●○○○ |
| 酸度 | ●●●●○ |
| 酒精濃度 | ●●○○○ |

## 顯性風味

|  |  | | | |
|---|---|---|---|---|
| 酸越橘 | 覆盆子 | 紫羅蘭 | 盆栽土 | 香蕉 |

## 常見風味

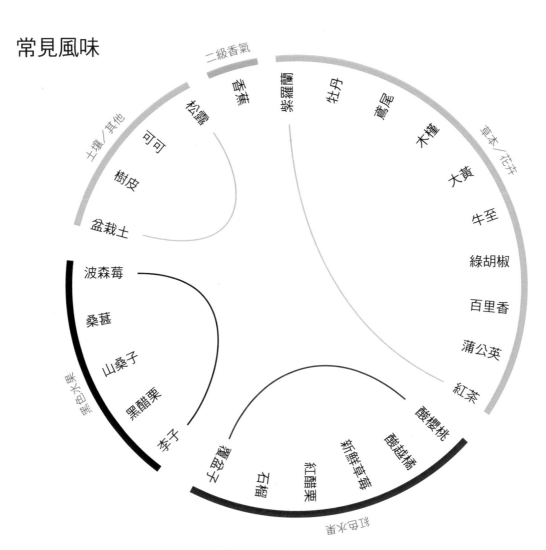

二級香氣

土壤／其他

草本／花卉

黑色水果

紅色水果

香蕉　松露　紫羅蘭　牡丹　鳶尾　木槿　大黃　牛至　綠胡椒　百里香　蒲公英　紅茶

可可　樹皮　盆栽土

波森莓　桑葚　山桑子　黑醋栗　李子

覆盆子　石榴　紅醋栗　新鮮草莓　酸越橘　酸櫻桃

葡萄酒風格／酒體輕盈型紅酒

winefolly.com／learn／variety／gamay

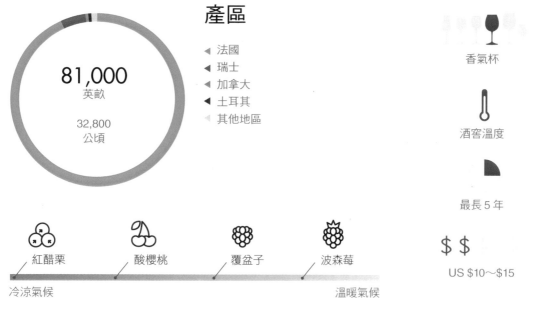

**產區**

**81,000**
英畝

32,800
公頃

◀ 法國
◀ 瑞士
◀ 加拿大
◀ 土耳其
◀ 其他地區

品種／加美 Gamay

香氣杯

酒窖溫度

最長 5 年

$ $

US $10～$15

紅醋栗　　酸櫻桃　　覆盆子　　波森莓

冷涼氣候　　　　　　　　　　　　溫暖氣候

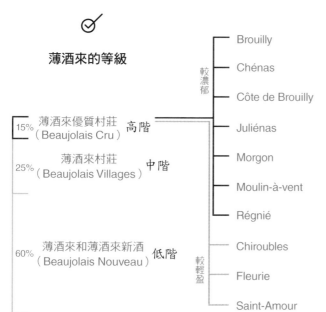

**薄酒來的等級**

較濃郁

Brouilly

Chénas

Côte de Brouilly

薄酒來優質村莊　高階
（Beaujolais Cru）　15%

Juliénas

薄酒來村莊　中階
（Beaujolais Villages）　25%

Morgon

Moulin-à-vent

Régnié

薄酒來和薄酒來新酒　低階
（Beaujolais Nouveau）　60%

Chiroubles

Fleurie

Saint-Amour

較輕盈

法國的加美約有 75％ 產自薄酒來產區。

想找優質的加美？請認明薄酒來優質村莊所產的黑加美。此處優質村莊（譯注：村莊的 cru 原指葡萄園，在薄酒來則代表村莊，相關說明請見第 218 頁）代表優質的特定區域。薄酒來共有 10 個優質村莊（見左列）。

# 黑皮諾 Pinot Noir

◀ "pee-no nwar"
aka：Spätburgunder

## 特性概覽

果香　●●●●◦
酒體　●●●◦◦
單寧　●●◦◦◦
酸度　●●●◦◦
酒精濃度　●●●◦◦

## 顯性風味

蔓越莓

櫻桃

覆盆子

丁香

洋菇

## 常見風味

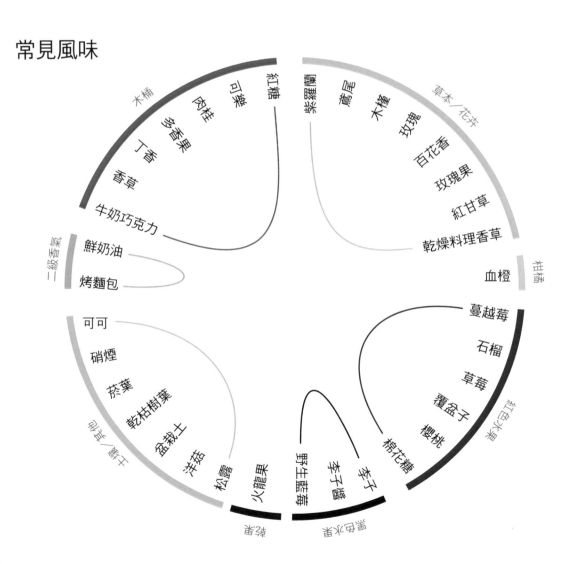

木桶
可樂
肉桂
多香果
紅糖
丁香
香草
牛奶巧克力

紫羅蘭
鳶尾
木槿
玫瑰
百花香
玫瑰果
紅甘草
乾燥料理香草
草本／花卉

二級香氣
鮮奶油
烤麵包

血橙
柑橘

可可
硝煙
菸葉
乾枯樹葉
盆栽土
洋菇
松露
火龍果

蔓越莓
石榴
草莓
覆盆子
櫻桃
棉花糖
紅色水果

泥土／礦土

李子
新鮮李子
每羅生梅

辛香

藍色／黑色果實

100

## 產區

214,000
英畝

86,600
公頃

◀ 法國
◀ 美國
◀ 德國
◀ 摩爾多瓦
◀ 義大利
◀ 紐西蘭
◀ 澳洲
◀ 瑞士
◀ 其他地區

香氣杯

酒窖溫度

最長 5 年

$ $ $
US $10～$20

蔓越莓　　　紅櫻桃　　　覆盆子　　　黑李

冷涼氣候　　　　　　　　　　　　溫暖氣候

**產區差異：**若是比較不同產區的黑皮諾紅酒，你會發現當中有些風味差異：

 覆盆子和丁香
● 美國加州
● 紐西蘭中奧塔哥
● 南澳
● 智利
● 阿根廷

蔓越莓與洋菇
● 法國
● 德國
● 義大利
● 美國奧勒岡

### 常見風格

清新多酸的粉紅酒
這種不甜粉紅酒嘗起來有接骨木花、青草莓與酸李子味。

清爽型紅酒
風味依產區、年份和生產者而大有不同。

氣泡酒
阿爾薩斯的粉紅氣泡酒（Crémant d'Alsace rosé）是以 100% 黑皮諾釀成。

想找類似黑皮諾的品種？你可以嘗試聖羅蘭、仙梭或茨威格葡萄。

黑皮諾有 15 種常見的無性繁殖系（clone），每種都有獨樹一幟的風味。

黑皮諾的原鄉是法國布根地。

# 酒體中等型紅酒

巴貝拉 Barbera

卡本內弗朗 Cabernet Franc

卡利濃 Carignan

卡門內爾 Carménère

格那希 Grenache

門西亞 Mencía

梅洛 Merlot

蒙鐵布奇亞諾 Montepulciano

內格羅阿瑪羅 Negroamaro

隆河混調 Rhône Blend

山吉歐維榭 Sangiovese

瓦波利切拉混調 Valpolicella Blend

金芬黛 Zinfandel

酒體中等的紅酒因擁有易於搭配多種料理的出色特性，而常有「佐餐良伴」（food wine）之稱。一般而言，中等酒體的葡萄酒特色，便是以紅色水果為主要顯性風味。

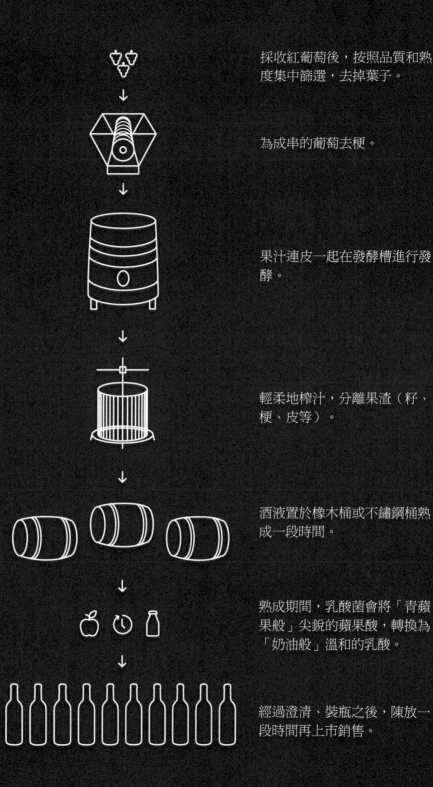

採收紅葡萄後，按照品質和熟度集中篩選，去掉葉子。

為成串的葡萄去梗。

果汁連皮一起在發酵槽進行發酵。

輕柔地榨汁，分離果渣（籽、梗、皮等）。

酒液置於橡木桶或不鏽鋼桶熟成一段時間。

熟成期間，乳酸菌會將「青蘋果般」尖銳的蘋果酸，轉換為「奶油般」溫和的乳酸。

經過澄清、裝瓶之後，陳放一段時間再上市銷售。

# 巴貝拉 Barbera

 "bar-BEAR-uh"

## 特性概覽

果香　●●●●○
酒體　●●●●○
單寧　●○○○○
酸度　●●●●●
酒精濃度　●●●●○

## 顯性風味

酸櫻桃

甘草

黑莓

乾燥料理香草

焦油

## 常見風味

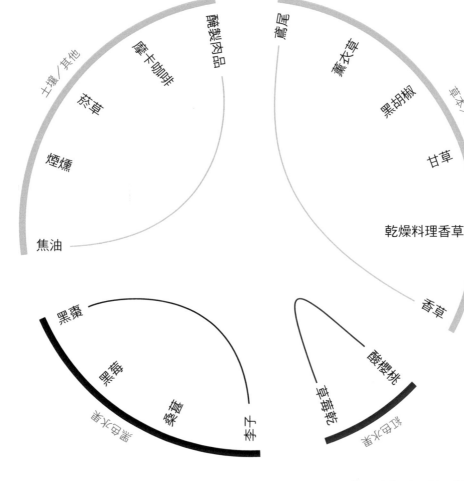

醃製肉品

摩卡咖啡

土壤／其他

菸草

煙燻

焦油

辛香

薰衣草

黑胡椒

草本／花卉

甘草

乾燥料理香草

香草

黑棗

黑醋栗

桑葚

土壤

藍色水果

酸櫻桃

草莓乾

紅色水果

譯注：黑棗又稱加州梅，實為李子乾。

104

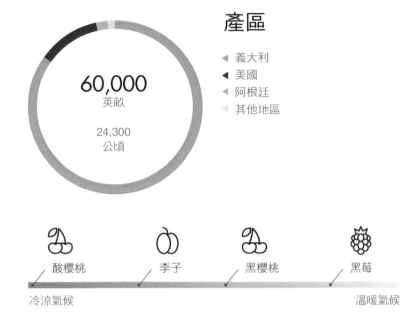

## 產區

◀ 義大利
◀ 美國
◀ 阿根廷
◀ 其他地區

60,000
英畝

24,300
公頃

酸櫻桃　李子　黑櫻桃　黑莓

冷涼氣候　　　　　　　　溫暖氣候

香氣杯

室溫

最長5年

$ $
US $10～$15

**產區差異**：若是比較不同產區的巴貝拉紅酒，你會發現當中有些風味差異：

黑莓果醬和甘草
酒精濃度較高、果香更豐富的風格。

● 加州
● 阿根廷

桑椹與料理香草
較清爽的風格，帶酸味水果和料理香草風味。

● 義大利皮蒙

**常見風格**：巴貝拉有兩種釀造方式，釀成風格不同的酒款：

未過桶＝紅色水果
以不鏽鋼桶熟成的巴貝拉通常帶有酸櫻桃、甘草與料理香草香氣，以及活潑的香料風味。

過桶＝巧克力
經過橡木桶熟成的巴貝拉，原本的高酸度會略微降低，並發展出更豐富的果香與巧克力味。

想找某種特定的風格？在選購巴貝拉時，請多留意品飲筆記的描述。水果的顏色屬性（紅色或黑色）通常有助於風格的判定。

另外值得注意的是，許多皮蒙地區優異的巴貝拉酒精濃度都略微偏高，約在 14% 左右。

# 卡本內弗朗 Cabernet Franc

"cab-err-nay fronk"
aka：Chinon、Bourgueil、Bouchet、Breton

## 特性概覽

果香
酒體
單寧
酸度
酒精濃度

## 顯性風味

 草莓
 烤甜椒
 紅李
 碎石
 辣椒

## 常見風味

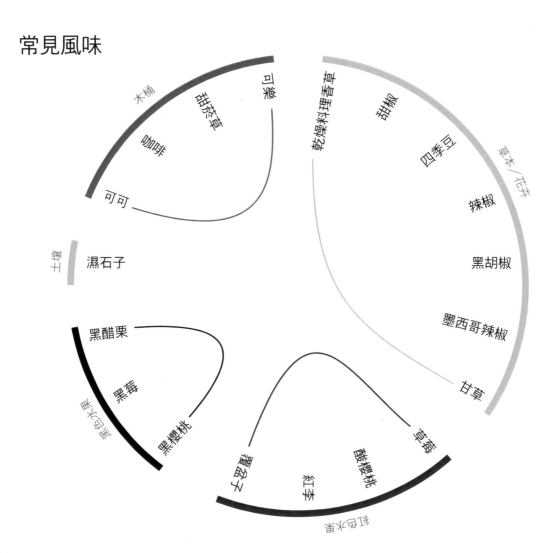

木桶
甜菸草
咖啡
可樂
可可
乾燥料理香草
甜椒
四季豆
辣椒
黑胡椒
墨西哥辣椒
甘草
草本／花卉
土壤
濕石子
黑醋栗
黑莓
黑櫻桃
覆盆子
紅李
酸櫻桃
草莓
紅色水果

原產地：法國

品種／卡本內弗朗 Cabernet Franc

## 產區

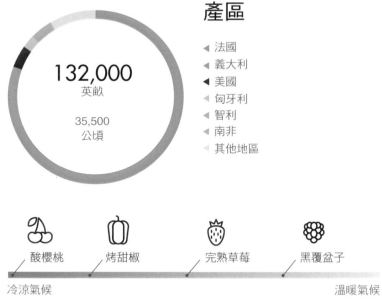

132,000
英畝

35,500
公頃

◁ 法國
◁ 義大利
◁ 美國
◁ 匈牙利
◁ 智利
◁ 南非
◁ 其他地區

紅酒杯

室溫

最長 5 年

$ $ $
US $15～$20

酸櫻桃　　　　烤甜椒　　　　　完熟草莓　　　　黑覆盆子

冷涼氣候　　　　　　　　　　　　　　　　　溫暖氣候

**產區差異**：若比較不同產區的 100% 卡本內弗朗紅酒，你會發現以下各種二級香氣：

 紅甜椒
　● 法國羅亞爾河流域

 草莓果醬
　● 美國加州洛代

皮革
　● 義大利弗里尤利

### 常見風格

混調酒種
卡本內弗朗常在波爾多混調酒款裡扮演輔助品種的角色。

清新多酸而帶鮮味
最優質的酒款會有紅甜椒、覆盆子醬風味，以及為舌頭帶來些許刺激感的悠長餘韻。

甜美而帶鮮味
果味突出的風格，有甜草莓乾、綠胡椒與雪松木風味。

優質的卡本內弗朗通常在年輕時期擁有高酸度與咬舌的單寧，但有 10～15 年的良好陳年實力。

卡本內蘇維濃與梅洛是卡本內弗朗的後代。

107

# 卡利濃 Carignan

🔊 "care-in-yen"
aka：Mazuelo、Cariñena、Carignano

## 特性概覽

果香 ●●●●●
酒體 ●●●●○
單寧 ●●●●○
酸度 ●●●●○
酒精濃度 ●●●●●

## 顯性風味

蔓越莓乾　　覆盆子　　甘草　　烘焙香料　　醃製肉品

## 常見風味

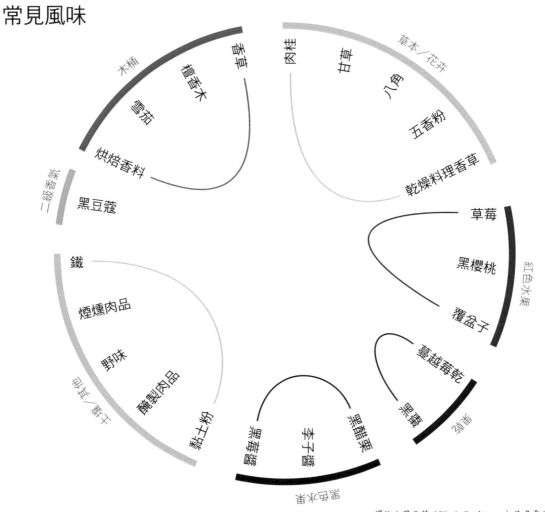

木桶：香草、檀香木、雪茄、烘焙香料

二級香氣：黑豆蔻

鐵、煙燻肉品、野味、醃製肉品、黏土粉　泥土／礦土

肉桂、甘甘、八角、五香粉、乾燥料理香草　草木／花卉

草莓、黑櫻桃、覆盆子　紅色水果

蔓越莓乾、黑醋栗乾　果乾

黑醋栗、李子醬、藍莓醬　黑色水果

譯注：黑豆蔻（Black Cardamom）又名香豆蔻。

● 原產地：西班牙

紅酒杯

室溫

最長 5 年

US $10～$15

## 產區

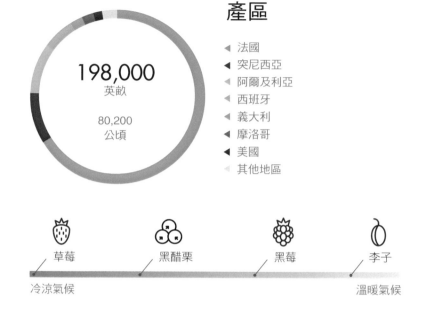

198,000
英畝

80,200
公頃

◀ 法國
◀ 突尼西亞
◀ 阿爾及利亞
◀ 西班牙
◀ 義大利
◀ 摩洛哥
◀ 美國
◀ 其他地區

草莓　　　黑醋栗　　　黑莓　　　李子

冷涼氣候　　　　　　　　　　溫暖氣候

卡利濃是高產能且耐旱的葡萄品種，在沙漠的嚴苛氣候條件下也能生長良好。正因如此，卡利濃以往曾因產量過大，被釀成劣質的散裝酒。

幸好法國隆格多克－胡西雍和智利中部某些重視品質的生產者，成功地復興此品種；從最古老的葡萄園打造出高集中度的卡利濃混調酒款。

不妨在感恩節佐餐時選擇卡利濃，它非常適合搭配火雞、蔓越莓、烤南瓜與烘焙香料。

家禽類

蔓越莓

烘焙香料

想找實惠的酒款？也許可試試法國隆格多克－胡西雍 Côtes-Catalanes 地區餐酒或 Faugères 和 Minervois 法定產區酒款。此外，你也能從義大利薩丁尼亞的 Carignano del Sulcis 產區找到物美價廉的酒款。

# 卡門內爾 Carménère

## 特性概覽

果香
酒體
單寧
酸度
酒精濃度

## 顯性風味

 覆盆子

 青椒

 黑李

 黑莓

香草

## 常見風味

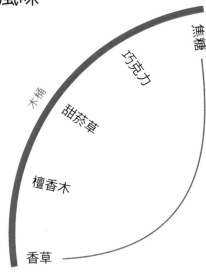
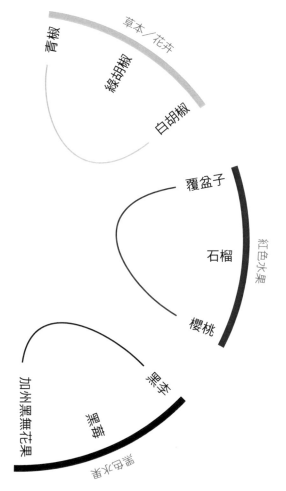
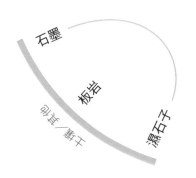

焦糖
巧克力
甜菸草
木梅
檀香木
香草

皁角
草本／花卉
綠胡椒
白胡椒

覆盆子
石榴
紅色水果
櫻桃

石墨
板岩
泥土／礦土
濕石子

黑李
黑莓
加州黑無花果
黑色水果

## 產區

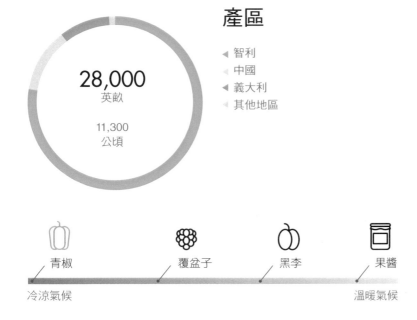

28,000
英畝

11,300
公頃

◀ 智利
◀ 中國
◀ 義大利
◀ 其他地區

青椒

覆盆子

黑李

果醬

冷涼氣候　　　　　　　　　　　　　　　　溫暖氣候

紅酒杯

室溫

最長 2 年

US $10～$15

---

卡門內爾葡萄原產自法國波爾多，是非常古老的品種。與梅洛和卡本內蘇維濃有許多近似的風味，

十九世紀，卡門內爾被誤認為梅洛而引進智利栽培，若非如此恐怕早就絕種。直到 1994 年，透過 DNA 研究，卡門內爾才得以驗明正身。

### 常見風格

**紅色水果和青椒**
僅輕微過桶的清爽風格，帶有紅色水果、青椒、辣椒粉與可可粉的風味。

**藍莓與巧克力**
經過較長時間木桶熟成所釀出的偏濃郁風格，有藍莓、黑胡椒、巧克力、綠胡椒與焦糖等風味。

智利 Colchagua 產區以出產優質的卡門內爾聞名。選購時留意 Los Lingues 或 Apalta 次產區的好年份準沒錯。

現今法國境內的卡門內爾只有不到 20 英畝。

111

# 格那希 Grenache

🔊 "grenn-nosh"
aka：Garnacha

## 特性概覽

果香　● ● ● ● ●
酒體　● ● ● ● ○
單寧　● ● ● ○ ○
酸度　● ● ● ○ ○
酒精濃度　● ● ● ● ○

## 顯性風味

草莓乾　　烤李子　　紅寶石葡萄柚　　皮革　　甘草

## 常見風味

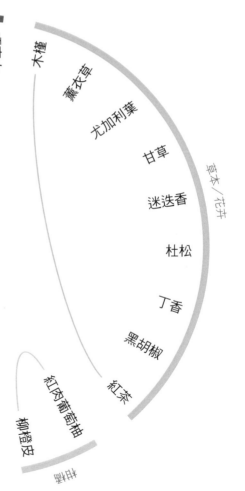
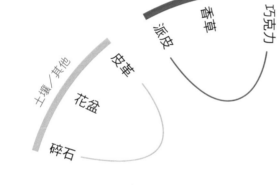

木桶
香草
派皮
巧克力
皮革
花盆
土壤／其他
碎石

木槿
薰衣草
尤加利葉
甘草
迷迭香
杜松
丁香
黑胡椒
紅茶
草本／花卉

加州黑無花果
黑棗
果乾

黑莓
烤李子
覆盆子醬
馬拉斯奇諾櫻桃
草莓乾
紅色水果

紅肉葡萄柚
柳橙皮
甘橘

譯注：馬拉斯奇諾櫻桃（Maraschino Cherry）為酒漬
櫻桃，多用來做蛋糕甜點或雞尾酒裝飾。

原產地：西班牙

456,000
英畝

185,000
公頃

## 產區

◀ 法國
◀ 西班牙
◀ 義大利
◀ 阿爾及利亞
◀ 美國
◀ 澳洲
◀ 其他地區

紅酒杯

室溫

最長 5 年

US $5～$10

 草莓乾　　 覆盆子醬　　 加州黑無花果　　 李子

冷涼氣候　　　　　　　　　　　　　　　　温暖氣候

**產區差異**：若比較不同產區的格那希紅酒，你會發現當中有些風味差異：

**覆盆子和丁香**
酒精濃度較高的風格，果香也較豐沛
● 西班牙
● 澳洲
● 美國

**草莓乾與料理香草**
較清爽的風格，有更多料理香草和菸草風味
● 法國
● 義大利

### 產區

○ Côtes du Rhône與Châteauneuf-du-Pape

○ Languedoc-Roussillon

○ Calatayud與Priorat

○ Vinos de Madrid

○ Sardinia di Cannonau

○ Paso Robles

○ Columbia Valley

○ South Australia

格那希在杯中呈現的是透明帶紫的紅寶石色澤，其與生俱來的高酒精濃度，也讓掛在杯壁上的酒淚特別黏稠。

法國隆河谷地享有盛名的教皇新堡產區（Châteauneuf-du-Pape），其葡萄園中格那希的栽種比例高達 70％。優質格那希的陳年潛力一般都有 15～20 年。

# 門西亞 Mencía

"men-thee-uh"
aka：Jaen、Bierzo、Ribeira Sacra

## 特性概覽

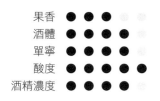

果香 ●●●●○○
酒體 ●●●●○○
單寧 ●●●●○○
酸度 ●●●●●○
酒精濃度 ●●●●○○

## 顯性風味

酸櫻桃　　石榴　　黑莓　　黑甘草　　碎石

## 常見風味

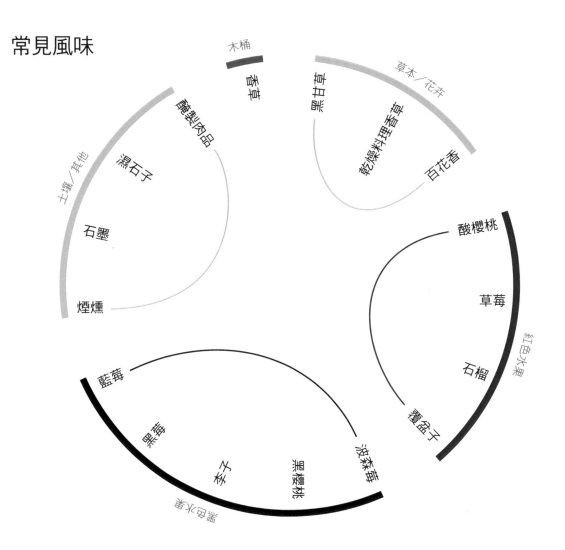

木桶
香草

草本／花卉
黑甘草
乾燥料理香草
百花香

醃製肉品
濕石子
土壤／其他
石墨
煙燻

酸櫻桃
草莓
紅色水果
石榴
覆盆子

藍莓
黑莓
丁香
黑櫻桃
波森莓
黑色水果

葡萄酒風格／酒體中等型紅酒

winefolly.com / learn / variety / mencia

114

## 產區

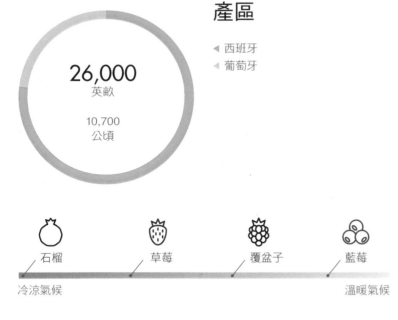

26,000
英畝

10,700
公頃

◀ 西班牙
◀ 葡萄牙

石榴　　草莓　　覆盆子　　藍莓

冷涼氣候　　　　　　　　　溫暖氣候

香氣杯

酒窖溫度

最長 10 年

$ $ $

US $15〜$20

Ribeira Sacra　　Bierzo

Dão

葡萄牙　　西班牙

高價的門西亞品種紅酒產自古老的山坡葡萄園。

門西亞是伊比利半島較不知名的葡萄品種，其風味與冷涼氣候的梅洛紅酒非常近似。此品種大多生長於西班牙的 Biezo、Ribeira Sacra 等次產區與加利西亞的 Valdeorras；還有葡萄牙的 Dão（更多資訊請見第 205 和 207 頁）。

門西亞在葡萄牙稱為 Jaen（發音為 zs-eyn）。

**西班牙葡萄酒的等級**：每個次產區都有不同的陳年規範，但大致如下：

▢　無等級
　　無過桶或瓶中陳年限制。欲知詳情須向生產者洽詢。

CRIANZA　Crianza/Barrica
　　　　　最低的桶陳和瓶陳要求，即 6 個月以下。

RESERVA　Reserva/Gran Reserva
　　　　　最長的桶陳和瓶陳要求，即 2〜4 年。

# 梅洛 Merlot

 "murr-low"

## 特性概覽

果香　●●●●○
酒體　●●●●○
單寧　●●●●○
酸度　●●●○○
酒精濃度　●●●●○

## 顯性風味

覆盆子　　黑櫻桃　　蜜李　　巧克力　　雪松木

## 常見風味

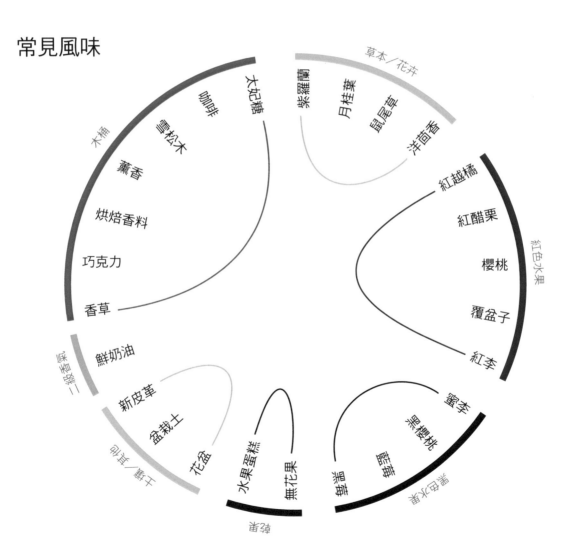

草本／花卉

紫羅蘭　月桂葉　鼠尾草　洋茴香

木桶

咖啡
雪松木
薰香
烘焙香料
巧克力
香草

大妃糖

紅越橘
紅醋栗
櫻桃
覆盆子
紅李

紅色水果

蜜李
黑櫻桃
黑莓
黑果

黑色水果

鮮奶油
新皮革
盆栽土
花盆

乳香／乾燥

其他／礦土

水果蛋糕
無花果

乾燥

116

## 產區

660,000
英畝

267,000
公頃

◀ 法國
◀ 美國
◁ 西班牙
◀ 義大利
◁ 羅馬尼亞
◁ 保加利亞
◁ 智利
◀ 澳洲
◁ 其他地區

超大型酒杯

室溫

最長 5 年

$ $ $ $ $

US $15～$20

品種／梅洛 Merlot

紅醋栗　　　　　紅李　　　　　　蜜李　　　　　漿果果醬

冷涼年份　　　　　　　　　　　　　　　　　　溫暖年份

**產區差異**：若比較不同產區的梅洛紅酒，你會發現當中有些風味差異：

 黑莓與香草
● 美國加州
● 澳洲
○ 南非
● 阿根廷

🍑 紅李和雪松木
● 法國
● 義大利
● 美國華盛頓州
● 智利

## 產區

○ 法國波爾多

○ 義大利托斯卡尼

○ 義大利唯內多及弗里尤利－維內奇朱利亞

○ 美國華盛頓州

○ 美國加州索諾瑪

○ 美國加州那帕

○ 南澳

○ 西澳

○ 南非

想找優質的梅洛紅酒？品質優異的梅洛葡萄長在努力將養分集中給果實的葡萄藤上，因此可留意山坡或高海拔地區葡萄園的酒款。

以美國橡木桶陳年的梅洛，擁有豐富的草本香氣，如蒔蘿和雪松木。

盲飲時，梅洛經常被誤認為卡本內蘇維濃，因為兩品種間其實有相當接近的親緣關係（請見第 106～107 頁）。

# 蒙鐵布奇亞諾 Montepulciano

"mon-ta-pull-chee-anno"

葡萄酒風格／酒體中等型紅酒

winefolly.com / learn / variety / montepulciano

## 特性概覽

果香　●●● ○ ○
酒體　●●● ● ○
單寧　●●● ● ○
酸度　●●● ● ○
酒精濃度　●●● ● ○

## 顯性風味

紅李

牛至

酸櫻桃

波森莓

焦油

## 常見風味

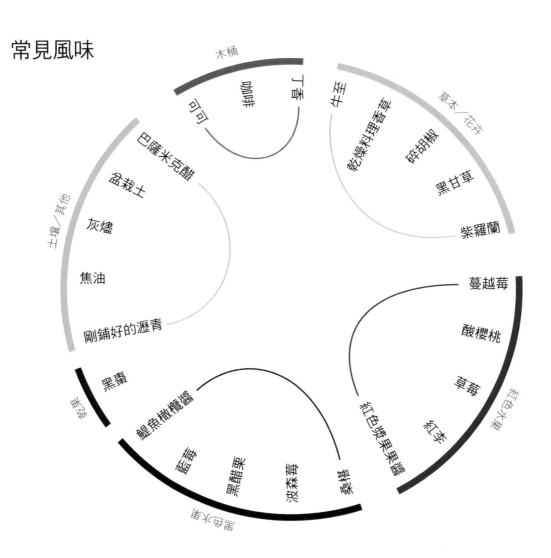

木桶
丁香
咖啡
可可

牛至
乾燥料理香草
碎胡椒
黑甘草
紫羅蘭
草本／花卉

巴薩米克醋
盆栽土
灰燼
焦油
剛鋪好的瀝青
土壤／其他

蔓越莓
酸櫻桃
草莓
紅李
紅色漿果果醬
紅色水果

黑棗
乾果

鯷魚橄欖醬
藍莓
黑醋栗
波森莓
桑椹
藍色水果

118

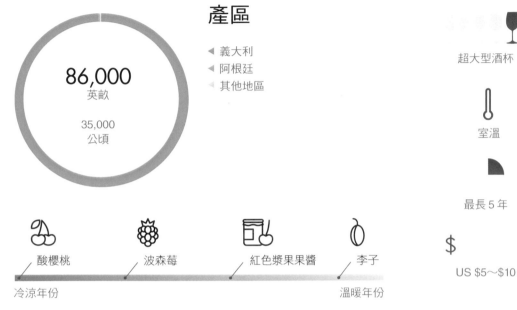

## 產區

86,000
英畝

35,000
公頃

◀ 義大利
◀ 阿根廷
◀ 其他地區

超大型酒杯

室溫

最長 5 年

$
US $5～$10

酸櫻桃　　波森莓　　紅色漿果果醬　　李子

冷涼年份　　　　　　　　　　　　　　　溫暖年份

蒙鐵布奇亞諾是義大利種植面積第二大的品種。以此品種釀造的酒款多標示「Montepulciano d'Abruzzo」，並產自義大利的阿布魯佐。

典型的蒙鐵布奇亞諾紅酒擁有與梅洛相似的紅色水果風味。不過優質的生產者能釀出帶有黑色水果風味且酒體飽滿的版本，並具有 10 年以上的陳年實力。

**法定產區酒名：**以下為蒙鐵布奇亞諾依不同產區名稱的標示：

● 阿布魯佐
Montepulciano d'Abruzzo
Controguerra

● 馬給
Rosso Conero
Offida Rosso DOCG
Rosso Piceno

● Molise
Biferno

● 普利亞
San Severo

想找優質的蒙鐵布奇亞諾？請留意酒齡 4 年以上，且每瓶預算在美金 20～30 元的酒款。

人們常因名稱近似，而混淆 Montepulciano 與 Vino Nobile di Montepulciano；後者產自托斯卡尼，且以山吉歐維榭葡萄釀成。

# 內格羅阿瑪羅 Negroamaro

"neg-row-amaro"



## 特性概覽

| | |
|---|---|
| 果香 | ●●●●● |
| 酒體 | ●●●● |
| 單寧 | ●●●● |
| 酸度 | ●●● |
| 酒精濃度 | ●●●● |

## 顯性風味

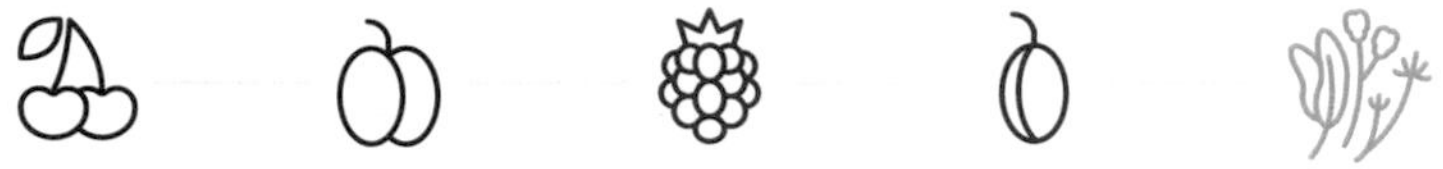
黑櫻桃
黑李
黑莓
黑棗
乾燥料理香草

## 常見風味

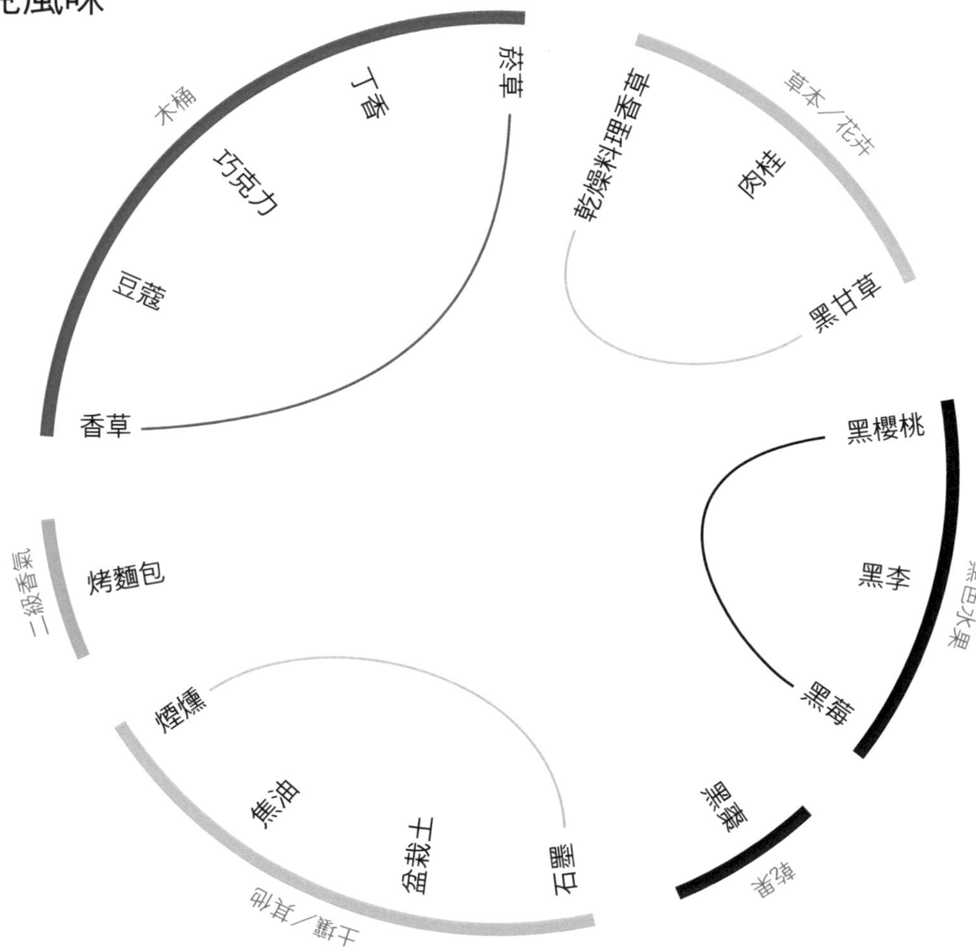
木桶
菸草
丁香
巧克力
豆蔻
香草
草本／花卉
乾燥料理香草
肉桂
黑甘草
黑色水果
黑櫻桃
黑李
黑莓
乾果
黑棗
二級香氣
烤麵包
土壤／其他
煙燻
焦油
盆栽土
石墨

## 產區

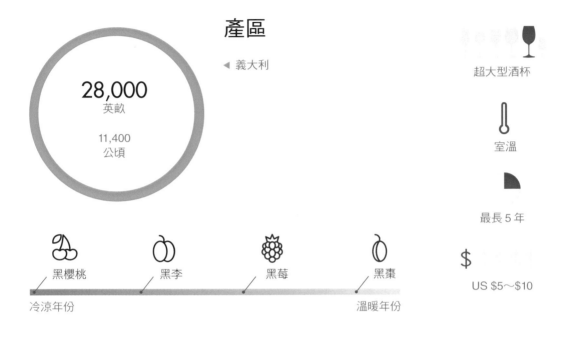

28,000
英畝

11,400
公頃

◀ 義大利

黑櫻桃　　　黑李　　　黑莓　　　黑棗

冷涼年份　　　　　　　　　　溫暖年份

超大型酒杯

室溫

最長 5 年

$

US $5～$10

Negroamaro 直譯意為「黑苦」，是義大利普利亞的原生品種，多在義大利普利亞所在的「鞋跟」底端，順著愛奧尼亞海沿岸生長。該區相當炎熱，所以最好的葡萄園均鄰近海岸，讓葡萄因夜晚的低溫保有天然的高酸度，酒款也擁有更佳的陳年潛力。

普利亞

**法定產區酒名**：內格羅阿瑪羅依不同產區的名稱標示。下列幾個產區的紅酒均含有 70～100% 的內格羅阿瑪羅：

● 普利亞
Salice Salento
Alezio
Nardo
Brindisi
Squinzano
Matino
Copertino

內格羅阿瑪羅常與金芬黛（當地稱為 Primitivo）一起調配，它能為金芬黛的香甜水果風味提供單寧結構、黑色水果及煙燻草本特質。

可嘗試用內格羅阿瑪羅酒款搭配 BBQ 烤雞和焦糖洋蔥披薩、手撕豬肉三明治、炸洋菇或日式照燒料理。

# 隆河混調 Rhône Blend

"roan"
aka：Grenache-Syrah-Mourvèdre（GSM）
、Côtes du Rhône

葡萄酒風格／酒體中等型紅酒

winefolly.com / learn / wine / rhone-blend

## 特性概覽

果香 ●●●●●
酒體 ●●●●○
單寧 ●●●●○
酸度 ●●●●○
酒精濃度 ●●●●○

## 顯性風味

覆盆子　黑莓　乾燥料理香草　烘焙香料　薰衣草

## 常見風味

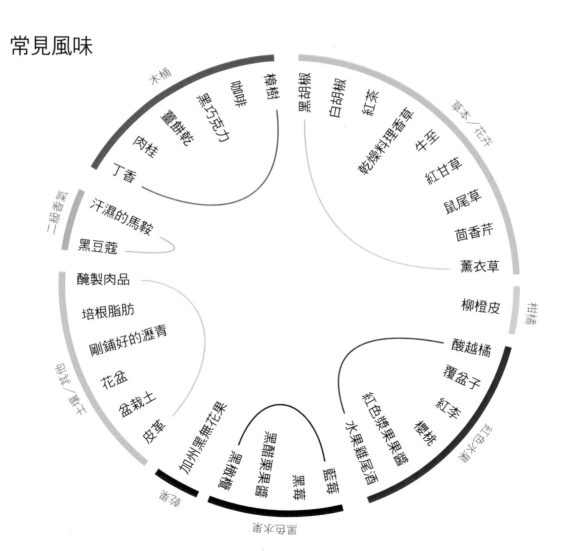

木桶
樟樹
咖啡
黑巧克力
薑餅乾
肉桂
丁香

二級香氣
汗濕的馬鞍
黑豆蔻

醃製肉品
培根脂肪
剛鋪好的瀝青
花盆
盆栽土
皮革

其他／草本

泥土

加州黑無花果
黑橄欖
黑醋栗果醬
黑莓
藍莓

黑色水果

黑胡椒
白胡椒
紅茶
乾燥料理香草
牛至
紅甘草
鼠尾草
茴香芹
薰衣草

草本／花卉

柳橙皮

柑橘

酸越橘
覆盆子
紅李
櫻桃
紅色漿果果醬
水果雞尾酒

紅色水果／花卉

**1,000,000**
英畝

~440,000
公頃

## 混調品種

◀ 格那希
◀ 希哈
◀ 慕維得爾
◀ 仙梭
◀ 卡利濃
◀ 其他

超大型酒杯

室溫

最長 5 年

紅醋栗

紅李

黑莓

加州黑無花果

$\$\$\$\$\$$
US $15～$20

冷涼氣候　　　　　　　　　　　　　　　温暖氣候

**產區差異**：若比較不同產區的隆河混調紅酒，你會發現當中有些風味差異：

 黑莓和豆蔻
- 西班牙
- 南澳
- 南非
- 美國加州

 草莓乾和料理香草
- 法國
- 美國華盛頓州

### 產區

○ Côtes du Rhône（法國）

○ Languedoc-Roussillon（法國）

○ Catalonia（西班牙）

○ Aragon（西班牙）

○ La Mancha與Madrid（西班牙）

○ 加州中部海岸（美國）

○ 哥倫比亞谷地（美國）

○ 南澳

○ 南非

想找物美價廉的隆河混調酒款？可嘗試法國的 Languedoc-Roussillon 和西班牙的 La Mancha。記得挑選格那希比例較高的酒款。

頂級隆河混調酒款多產自西班牙的普里奧哈和梅里達、法國教皇新堡、澳洲巴羅沙谷地及美國加州聖塔巴巴拉。

123

# 山吉歐維榭 Sangiovese

 "san-jo vay-zay"
aka：Chianti、Brunello、Nielluccio、Morellino

## 特性概覽

果香
酒體
單寧
酸度
酒精濃度

## 顯性風味

紅醋栗　　烤番茄　　覆盆子　　百花香　　花盆

## 常見風味

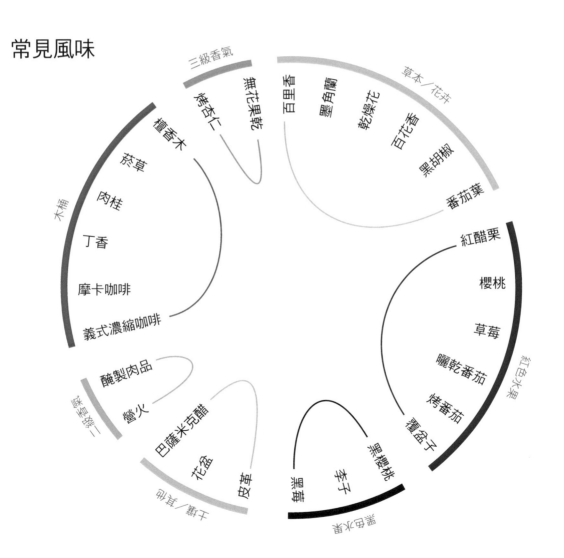

三級香氣

烤杏仁
無花果乾
百里香
墨角蘭
乾燥花
百花香
黑胡椒
番茄葉

草本／花卉

檀香木
菸草
肉桂
丁香
摩卡咖啡
義式濃縮咖啡

木桶

紅醋栗
櫻桃
草莓
曬乾番茄
烤番茄
覆盆子

紅色水果

醃製肉品
營火
巴薩米克醋
花盆
皮革

鮮黑莓
李子
黑櫻桃

黑色水果

124

◆ 原產地：義大利

紅酒杯

酒窖溫度

最長 5 年

$ $ $ $ $

US $15～$20

192,000
英畝

78,000
公頃

## 產區

◀ 義大利
◀ 阿根廷
◀ 法國
◀ 突尼西亞
◀ 美國
◀ 澳洲
◀ 其他地區

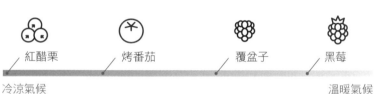

紅醋栗　　　烤番茄　　　覆盆子　　　黑莓

冷涼氣候　　　　　　　　　　　　　温暖氣候

---

### 常見風格

 **田野番茄和皮革**
傳統的生產方式採用舊橡木桶進行陳化，以免為山吉歐維榭帶來新桶的香草風味，而維持固有的草本風味與高酸度。

**現代感的櫻桃和丁香**
現代版的山吉歐維榭紅酒利用橡木桶培養，醞釀出甜香草風味並讓酸度更柔和。

**法定產區酒名**：山吉歐維榭的紅酒酒標經常以產區名稱標示。下列法定產區酒款均含有60～100％的山吉歐維榭：

● **托斯卡尼**
Chianti
Brunello di Montalcino
Rosso di Montalcino
Vino Nobile di Montepulciano
Morellino di Scansano
Carmignano
Montecucco

● **翁布里亞**
Montefalco Rosso

山吉歐維榭適合搭配油脂豐厚的肉類料理和以番茄紅醬製成的料理，如披薩、千層麵與波隆那肉醬義大利麵。

山吉歐維榭是義大利頂尖酒種，主要產於托斯卡尼、坎帕尼亞與翁布里亞。

山吉歐維榭最早是在 1980 年代引進美國加州。

品種／山吉歐維榭 Sangiovese

125

# 瓦波利切拉混調 Valpolicella Blend

🔊 "val-polla-chellah"
aka：Amarone

## 特性概覽

| | | | | | |
|---|---|---|---|---|---|
| 果香 | ● | ● | ● | ○ | ○ |
| 酒體 | ● | ● | ● | ○ | ○ |
| 單寧 | ● | ● | ● | ○ | ○ |
| 酸度 | ● | ● | ● | ● | ○ |
| 酒精濃度 | ● | ● | ● | ○ | ○ |

## 顯性風味

酸櫻桃　　肉桂　　綠胡椒　　刺槐　　青杏仁

## 常見風味

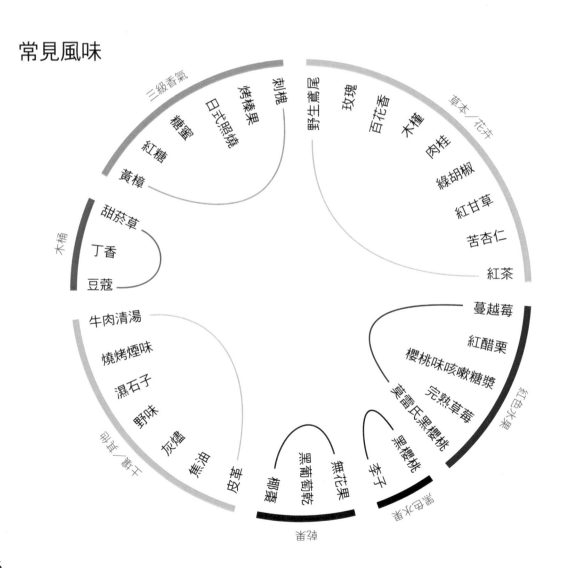

三級香氣
刺槐
烤榛果
日式照燒
糖蜜
紅糖
黃樟

木桶
甜菸草
丁香
豆蔻

牛肉清湯
燒烤煙味
濕石子
野味
灰燼
焦油
皮革

草本／花卉
青黛牛綞
玫瑰
百花香
木槿
肉桂
綠胡椒
紅甘草
苦杏仁
紅茶

紅色水果
蔓越莓
紅醋栗
櫻桃味咳嗽糖漿
完熟草莓
莫雷氏黑櫻桃
黑櫻桃
李子
無花果
黑葡萄乾
椰棗

礦物／泥土

黑色水果

果皮／葉子

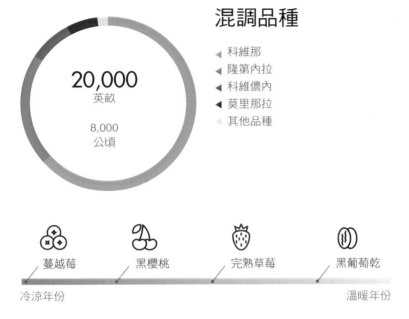

**20,000**
英畝

8,000
公頃

## 混調品種

◀ 科維那
◀ 隆第內拉
◀ 科維儂內
◀ 莫里那拉
◀ 其他品種

紅酒杯

酒窖溫度

最長 5 年

$ $ $ $ $

US $15〜$20

 蔓越莓　　黑櫻桃　　完熟草莓　　黑葡萄乾

冷涼年份　　　　　　　　　　　　　　　　溫暖年份

---

瓦波利切拉主要採用 4 種葡萄品種釀成，一般認為以科維那和科維儂內葡萄釀出的紅酒品質最優。

🍇 **科維那與科維儂內**
帶辛香料的紅色水果與青杏仁風味

🍇 **隆第內拉**
能賦予花香，特色為低單寧

🍇 **莫里那拉**
以高酸度著稱

**瓦波利切拉的等級**

$ **Vapolicella Classico**
酸櫻桃和灰燼

$$ **Vapolocella Superiore**
黑櫻桃和高酸度

$$$ **Valpolicella Superiore Ripasso**
櫻桃醬、綠胡椒和刺槐

$$$$$ **Amarone della Valpolicella**
黑櫻桃、無花果乾、黃樟、巧克力和紅糖

$$$$$ **Recioto della Valpolicella**
甜味黑葡萄乾、黑櫻桃、丁香和烤榛果

想找物美價廉的好酒？有些 Ripasso 喝起來非常近似 Amarone，但價格實惠許多。

Amarone 和 Recioto 都是採用「appassimento」的方式釀成。作法是冬季時先將葡萄於草席上曬乾，讓果實脫去水分而糖分變得更高，接著進行榨汁並非常緩慢地發酵。釀出來的酒色淺淡，酒體卻飽滿而風味濃郁。

# 金芬黛 Zinfandel

◀) "roan"
aka：Grenache-Syrah-Mourvèdre（GSM）
、Côtes du Rhône

## 特性概覽

| | |
|---|---|
| 果香 | ●●●●● |
| 酒體 | ●●●●● |
| 單寧 | ●●●○○ |
| 酸度 | ●●○○○ |
| 酒精濃度 | ●●●●● |

## 顯性風味

黑莓　草莓　桃子蜜餞　五香粉　甜菸草

## 常見風味

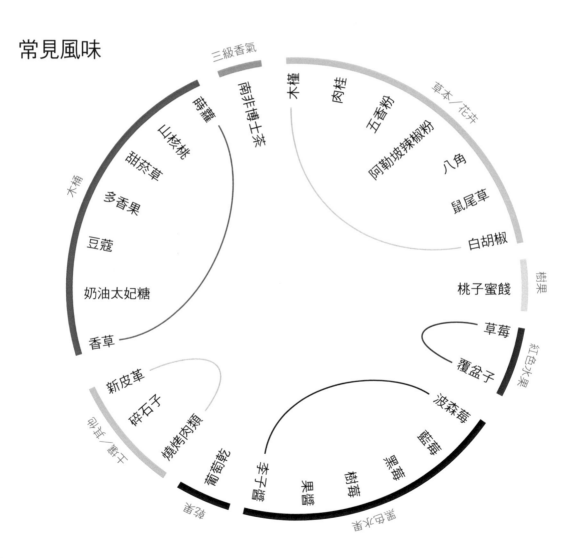

三級香氣
南非博士茶
木槿
肉桂
五香粉
阿勒坡辣椒粉
八角
鼠尾草
白胡椒
草本／花卉
桃子蜜餞
樹果
草莓
覆盆子
波森莓
藍莓
黑莓
樹莓
果醬
紅色水果
李子醬
葡萄乾
燒烤肉類
碎石子
新皮革
香草
奶油太妃糖
豆蔻
多香果
甜菸草
山核桃
蒔蘿
木桶
堅果／泥土
烘烤水果

128

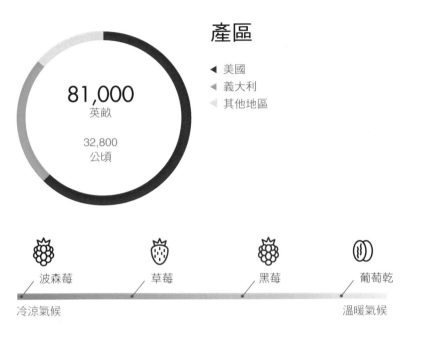

## 產區

81,000
英畝

32,800
公頃

◀ 美國
◀ 義大利
◀ 其他地區

品種／金芬黛 Zinfandel

紅酒杯

室溫

最長 2 年

$ $
US $10～$15

波森莓　　　草莓　　　黑莓　　　葡萄乾

冷涼氣候　　　　　　　　　　　　溫暖氣候

金芬黛的出身一直是個謎，直到 DNA 鑑定後，才發現金芬黛與義大利的 Primitivo 以及克羅埃西亞的 Tribidrag 是同一品種，而克羅埃西亞正是發源地。1400 年代，金芬黛曾是威尼斯重要貿易商品之一。

釀出濃郁飽滿的紅酒是金芬黛與生俱來的特質；然而美國地區約僅有總產量 15％ 的金芬黛釀成此風格紅酒，其餘均釀製略帶草本及甜味的白金芬黛粉紅酒。

### 產區

美國加州
最優質的金芬黛葡萄生長在那帕丘陵、索諾瑪、帕索羅伯斯及謝拉山麓。洛代則可找到種有超級老藤的葡萄園。

義大利
多數普利亞的金芬黛風格都較清爽，但在曼都利亞當地及附近所產酒款能擁有不可思議的深度。金芬黛在義大利經常與內格羅阿瑪羅一起混調。

### 常見風格

紅色水果和辛香料
酒精濃度較低（13.5％以下）、較清爽的風格，有覆盆子、玫瑰花瓣、香料蛋糕、鼠尾草與黑胡椒等風味。

果醬和煙燻焦糖
酒精濃度較高的濃郁風格（最高15％），具黑莓、肉桂、焦糖、果醬、巧克力和菸草燃燒的煙燻味等風味。

# 酒體飽滿型紅酒

阿里亞尼科Aglianico

波爾多混調Bordeaux Blend

卡本內蘇維濃Cabernet Sauvignon

馬爾貝克Malbec

慕維得爾Mourvèdre

內比歐露Nebbiolo

內羅達沃拉Nero d'Avola

小維多Petit Verdot

小希哈Petite Sirah

皮諾塔吉Pinotage

希哈Syrah

田帕尼優Tempranillo

杜麗佳Touriga Nacional

酒體飽滿型紅酒的典型特色是高單寧、擁有高含量花青素呈現的深紅寶石色澤，以及豐富的水果風味。如此濃厚的酒種可單獨享用，也可搭配風味一樣鮮明的食物。

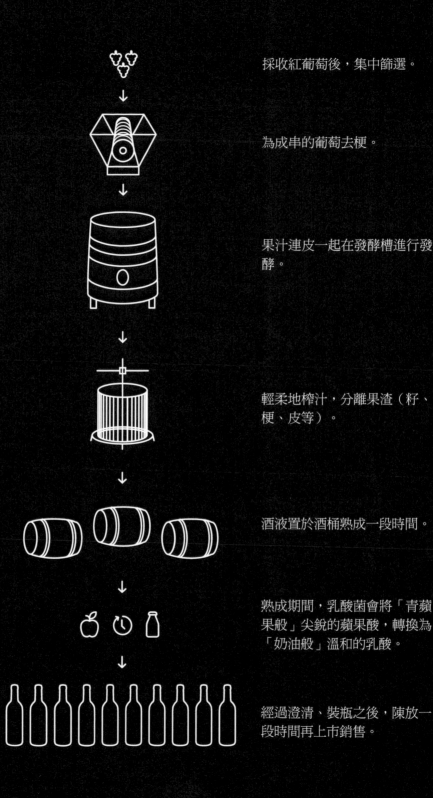

採收紅葡萄後，集中篩選。

為成串的葡萄去梗。

果汁連皮一起在發酵槽進行發酵。

輕柔地榨汁，分離果渣（籽、梗、皮等）。

酒液置於酒桶熟成一段時間。

熟成期間，乳酸菌會將「青蘋果般」尖銳的蘋果酸，轉換為「奶油般」溫和的乳酸。

經過澄清、裝瓶之後，陳放一段時間再上市銷售。

# 阿里亞尼科 Aglianico

🔊 "alli-yawn-nico"
aka：Taurasi

## 特性概覽

果香　●●○○○
酒體　●●●●●
單寧　●●●●●
酸度　●●●●●
酒精濃度　●●●●○

## 顯性風味

白胡椒　　黑櫻桃　　煙燻　　野味　　香料糖漬李

## 常見風味

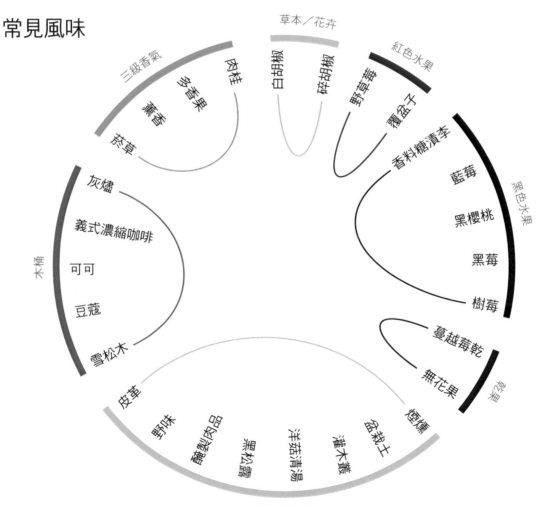

草本／花卉
紅色水果
黑色水果
乾果／其他
木桶
三級香氣

肉桂
沉香果
麝香
菸草

白胡椒
碎胡椒

野草莓
覆盆子
香料糖漬
枸杞

藍莓
黑櫻桃
黑莓
樹莓

灰燼
義式濃縮咖啡
可可
豆蔻
雪松木

蔓越莓乾
無花果
煙燻

皮革
野味
醃製肉品
黑松露
洋菇清湯
盆栽土
灌木叢

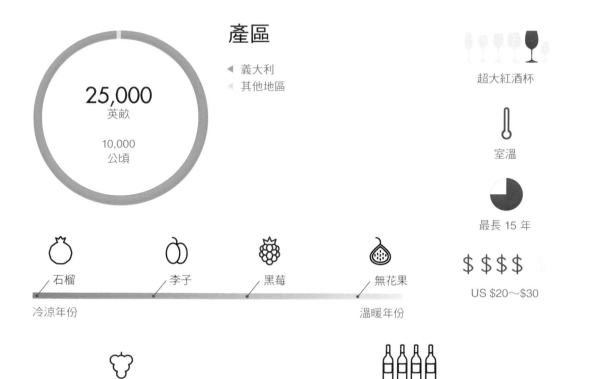

● 原產地：南義

## 產區

◀ 義大利
◀ 其他地區

25,000
英畝

10,000
公頃

超大紅酒杯

室溫

最長 15 年

$ $ $ $

US $20～$30

石榴　　　李子　　　黑莓　　　無花果

冷涼年份　　　　　　　　　　　溫暖年份

以阿里亞尼科釀成的紅酒色深，且單寧與酸度均高，是南義經典酒種之一。

醒酒能提升這類濃郁紅酒的風味。建議在享用前至少醒酒 2 小時。

### 產區

**Aglianico del Vulture**
黑莓醬、甘草和煙燻風味。採用百分之百義大利巴斯利卡塔地區的 Vulture 死火山所產的阿里亞尼科葡萄釀成。

**Aglianico del Taburno**
黑櫻桃、蔓越莓乾、可可粉、多香果及煙燻風味。採用百分之百以坎帕尼亞的 Taburno 山所產的阿里亞尼科釀成。

**Taurasi**
黑覆盆子、煙燻肉品及雪茄風味。建議挑選酒齡約 10 年的酒款。

**Irpinia、Beneventano與 Campania**
黑色水果、綠色料理香草及木炭風味。這幾個範圍較大的產區，能提供更多物美價廉的選擇。別忘了備妥醒酒器。

品種／阿里亞尼科 Aglianico

133

# 波爾多混調 Bordeaux Blend

◀ "bore-doe"
aka：Meritage、卡本內－梅洛混調

## 特性概覽

葡萄酒風格／酒體飽滿型紅酒

果香
酒體
單寧
酸度
酒精濃度

## 顯性風味

李子

黑醋栗

紫羅蘭

石墨

雪松木

## 常見風味

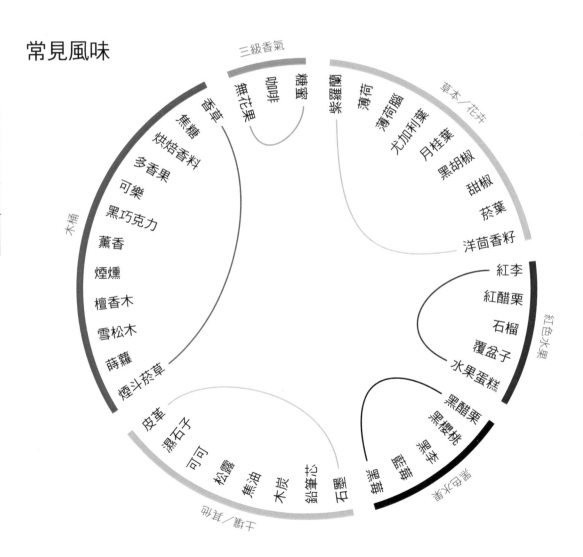

winefolly.com / learn / wine / bordeaux-blend

# 混調品種

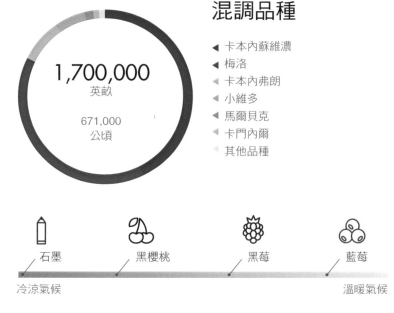

1,700,000
英畝

671,000
公頃

◀ 卡本內蘇維濃
◀ 梅洛
◀ 卡本內弗朗
◀ 小維多
◀ 馬爾貝克
◀ 卡門內爾
◀ 其他品種

超大紅酒杯

室溫

最長 10 年

$ $ $

US $15～$20

石墨　　黑櫻桃　　黑莓　　藍莓

冷涼氣候　　　　　　　　　　溫暖氣候

**產區差異**：若比較不同產區的波爾多混調酒款，你會發現當中有些風味差異：

黑莓、薄荷腦與雪松木
完熟的黑色水果中潛藏著薄荷腦、巧克力和多香果風味。這類酒款可能比較濃郁，單寧也較圓熟。

- 美國加州那帕谷地與帕索羅伯斯
- 澳洲
- 阿根廷門多薩
- 南非
- 義大利托斯卡尼
- 西班牙

黑櫻桃、紫羅蘭與月桂葉
酸味黑色和紅色水果中帶點紫羅蘭、黑胡椒與月桂葉香氣。因酸度較高這類酒款喝起來感覺較清爽。

- 法國波爾多
- 法國西南產區
- 智利
- 義大利唯內多
- 美國華盛頓州
- 美國加州海岸區索諾瑪
- 美國加州門多西諾

以卡本內蘇維濃葡萄為主要占比的酒款，典型的特色是單寧較為咬口且帶有綠胡椒味；而以梅洛為主的酒款，單寧則較滑順且擁有更多紅色水果風味。

最早流行的波爾多混調並非紅酒，而是一種名為 Claret（發音為Clair-ette）的淡紅酒。如今，Claret 已很罕見，但仍是波爾多基礎的法定產區酒種之一。

135

# 卡本內蘇維濃 Cabernet Sauvignon

◀ "cab-er-nay saw-vin-yawn"

## 特性概覽

果香 ●●●●○
酒體 ●●●●●
單寧 ●●●●●
酸度 ●●●○○
酒精濃度 ●●●○○

## 顯性風味

黑櫻桃　　黑醋栗　　紅甜椒　　烘焙香料　　雪松木

## 常見風味

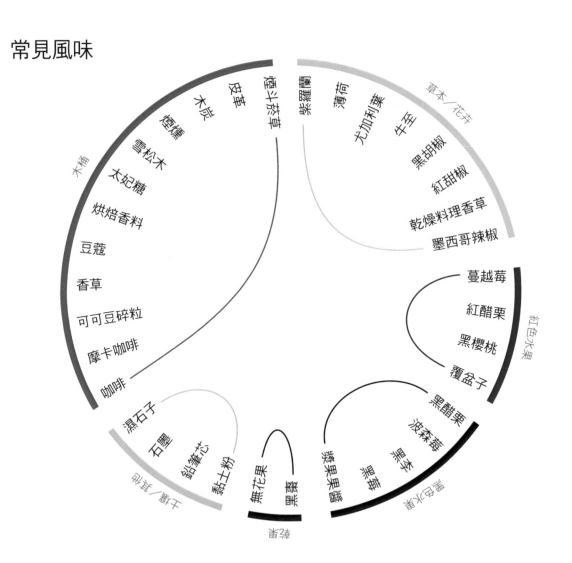

甘草
皮革
木皮
煙燻
雪松木
太妃糖
烘焙香料
豆蔻
香草
可可豆碎粒
摩卡咖啡
咖啡

木桶

濕石子
石墨
鉛筆芯
黏土粉

土壤／礦土

無花果
黑棗

乾果

黑醋栗
波森莓
黑李
黑莓
漿果果醬

深色水果

蔓越莓
紅醋栗
黑櫻桃
覆盆子

紅色水果

紫羅蘭
薄荷
尤加利葉
牛至
黑胡椒
紅甜椒
乾燥料理香草
墨西哥辣椒

草本／花卉

原產地：法國

## 產區

717,000
英畝

290,000
公頃

◁ 法國　　◁ 義大利
◁ 智利　　◁ 南非
◁ 美國　　◁ 其他地區
◁ 澳洲
◁ 西班牙
◁ 中國
◁ 阿根廷

超大型紅酒杯

室溫

最長 10 年

$ $ $ $

US $20～$30

| 紅醋栗 | 黑醋栗 | 黑櫻桃 | 黑莓 |

冷涼氣候　　　　　　　　　　　　　　　溫暖氣候

**產區差異**：若比較不同產區的卡本內紅酒，你會發現當中有些風味差異：

 黑色水果、黑胡椒與可可粉
氣候溫暖地區出產的卡本內酒款果香更鮮明，酒精濃度較高，單寧口感也較圓熟。

- 美國加州
- 澳洲
- 阿根廷
- 南非
- 中義和南義
- 西班牙

 紅色水果、薄荷與綠胡椒
冷涼氣候地區出產的卡本內酒款多半偏紅色水果調，酒體也較輕盈。

- 法國波爾多
- 智利
- 北義
- 美國華盛頓州
- 美國北加州

卡本內蘇維濃是卡本內弗朗與白蘇維濃自然交配誕生。自十七世紀中葉於波爾多發現至今，已成為全球種植面積最廣泛的品種。

137

# 馬爾貝克 Malbec

■) "mal-bek"
aka：Côt

## 特性概覽

果香
酒體
單寧
酸度
酒精濃度

## 顯性風味

紅李

藍莓

香草

甜菸草

可可

## 常見風味

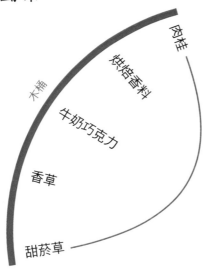

木桶
肉桂
烘焙香料
牛奶巧克力
香草
甜菸草

草本／花卉
野生鳶尾
鼠尾草
瑪黛茶

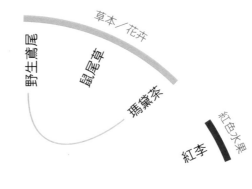

紅色水果
紅李
黑櫻桃
黑覆盆子
藍莓
黑色水果
蜜李
葡萄果醬

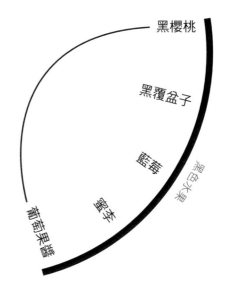

花盆
可可
刷毛／泥土
黑棗
強烈葡萄乾
甜點

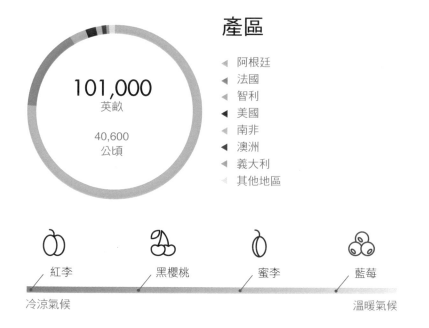

## 產區

**101,000**
英畝

40,600
公頃

◀ 阿根廷
◀ 法國
◀ 智利
◀ 美國
◀ 南非
◀ 澳洲
◀ 義大利
◀ 其他地區

標準紅酒杯

室溫

最長 2 年

$ $

US $10～$15

紅李

黑櫻桃

蜜李

藍莓

冷涼氣候　　　　　　　　　　　　　　　溫暖氣候

---

馬爾貝克葡萄雖源自於法國西南部的卡奧爾鎮附近，但一直到阿根廷成功復興此品種才得到重視。今日，全球75％以上的馬爾貝克紅酒都產自阿根廷。

大多數的阿根廷馬爾貝克都產於門多薩附近，最優質的酒款則主要來自高海拔的 Uco Valley 以及 Lujan de Cuyo 等次產區。

**常見風格**

**基本款（Basic）**
如果汁般易飲的馬爾貝克以紅色水果風味為主，擁有均衡的單寧架構，通常只經過輕微陳化或完全未經木桶培養。

**頂級（Reserva）**
頂級馬爾貝克通常木桶陳化時間更長，富有黑色水果、巧克力、甜菸草與隱約細緻的野生鳶尾香氣。

在阿根廷，海拔高度是馬爾貝克品質優劣的關鍵指標。高海拔葡萄園產出的馬爾貝克擁有高酸度、更多的單寧與一般馬爾貝克所沒有的花香與料理香草風味。

在法國，馬爾貝克多產於西南產區的卡奧爾。擁有較多的土壤系風味，與阿根廷的馬爾貝克酒款大相徑庭；相較之下前者單寧更多，且風味上也偏紅與黑醋栗，以及煙燻與甘草香氣。

品種／馬爾貝克 Malbec

# 慕維得爾 Mourvèdre

🔊 "moore-ved"
aka：Monastrell、Mataro

## 特性概覽

果香
酒體
單寧
酸度
酒精濃度

## 顯性風味

黑莓　　黑胡椒　　可可　　甜菸草　　烤肉

## 常見風味

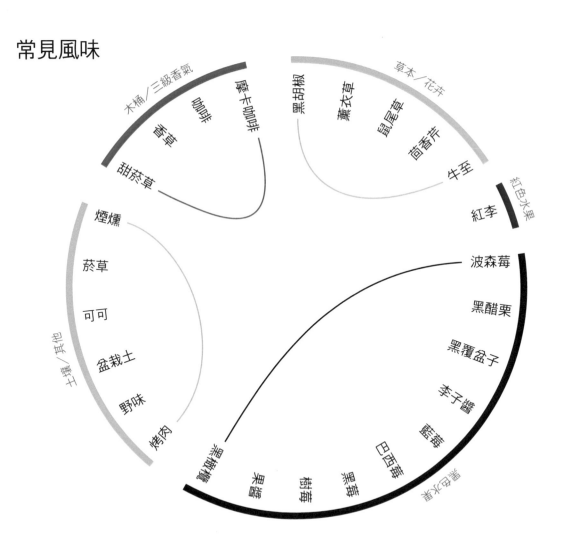

木桶／三級香氣
咖啡
摩卡咖啡
香草
甜菸草

草本／花卉
黑胡椒
薰衣草
鼠尾草
茴香片
牛至

紅色水果
紅李

波森莓
黑醋栗
黑覆盆子
李子醬
藍莓
巴西莓
黑莓

煙燻
菸草
可可
盆栽土
野味
烤肉

土壤／其他

黑色水果

巧克力醬
果醬
樹脂
黑莓

原產地：西班牙

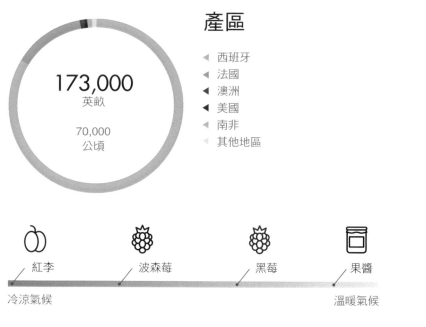

## 產區

173,000
英畝

70,000
公頃

◀ 西班牙
◀ 法國
◀ 澳洲
◀ 美國
◀ 南非
◁ 其他地區

紅酒杯

室溫

最長 10 年

$ $

US $10～$15

紅李　　波森莓　　黑莓　　果醬

冷涼氣候　　　　　　　　　　溫暖氣候

慕維得爾是個相當古老的品種。應是約在西元前 500 年，由行至加泰隆尼亞的腓尼基人（Phoenicians）引進西班牙。

慕維得爾經常與其他品種一起混調，也是隆河混調（GSM blend）中代表「M」的品種，能為紅酒增添色澤、單寧結構與黑色水果風味。

### 產區

○ **西班牙**
在西班牙名為 Monastrell，可以在 Valencia、Jumilla、Yecla、Almansa 與 Alicante 找到此品種酒款。

○ **法國**
單一品種的慕維得爾酒名為 Bandol，為位於普羅旺斯的法定產區。

○ **澳洲**
產於南澳，當地稱為 Mataro，並用於隆河混調中。

想找物美價廉的慕維得爾酒？西班牙的 Monastrell 相當物超所值，且不須經過長期陳年即可飲用。記得先醒酒至少 1 小時。

在西班牙，Monastrell 是釀造粉紅 Cava 氣泡酒的品種。

在法國，也有以慕維得爾釀成的粉紅靜態酒，產地為普羅旺斯的 Bandol。

# 內比歐露 Nebbiolo

🔊 "nebby-oh-low"
aka：Barolo、Barbaresco、Spanna、Chiavennasca

## 特性概覽

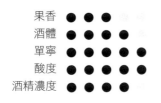

果香
酒體
單寧
酸度
酒精濃度

## 顯性風味

 玫瑰
 櫻桃
 皮革
 花盆
 洋茴香

## 常見風味

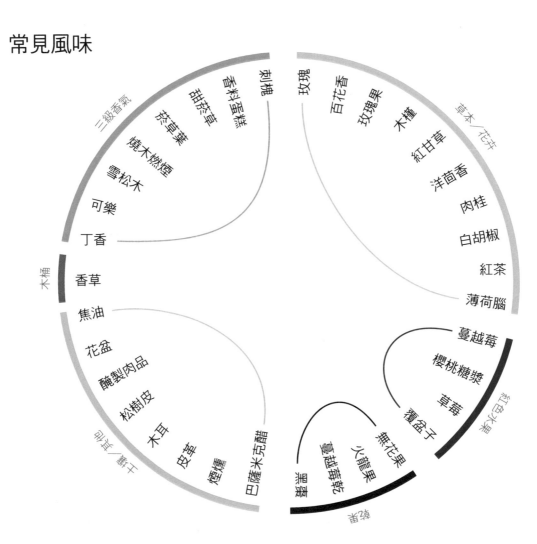

三級香氣　香料蛋糕　甜於草　菸草葉　燒木燃煙　雪松木　可樂　丁香

玫瑰　百花柔　玫瑰果　木槿　紅甘草　洋茴香　肉桂　白胡椒　紅茶　薄荷腦

草本／花卉

木桶　香草　焦油　花盆　醃製肉品　松樹皮　木耳　皮革　煙燻　巴薩米克醋

蔓越莓　櫻桃糖漿　草莓　覆盆子　無花果　火龍果　蔓越莓乾　黑棗

紅色水果

蘑菇／灌木　甜味

**14,800**
英畝

6,000
公頃

## 產區

◀ 義大利
◀ 墨西哥
◀ 阿根廷
◀ 澳洲
◀ 美國
◁ 其他地區

香氣杯

酒窖溫度

15年＋

$ $ $ $ $
US $30＋

蔓越莓

櫻桃

火龍果乾

水果蛋糕

冷涼年份　　　　　　　　　　　　　溫暖年份

---

內比歐露是公認的義大利頂尖紅酒品種／酒種之一，但其兩個頂級產區名稱可能更為人所熟知：Barolo 與 Barbaresco。內比歐露釀成的紅酒色澤淺淡，芳香馥郁——也是清爽型紅酒的典型特色；但由於該品種與生俱來的高單寧，仍可將其歸類為酒體飽滿型紅酒。

內比歐露紅酒的酒質將隨酒齡增長而提升，逐漸醞釀出細緻的糖蜜、無花果與皮革風味。

**法定產區酒名：**以內比歐露釀製的紅酒，酒標經常以產區名稱標示。下列法定產區所產酒款均含有 70～100％ 的內比歐露：

● **皮蒙**
Barolo
Barbaresco
Nebbiolo d' Alba
Langhe Nebbiolo
Roero
Gattinara
Carema
Ghemme

● **倫巴底**
Valtellina & Sforzato

喜歡內比歐露嗎？遇到好年份時，酒名為 Langhe Nebbiolo 的酒款非常物超所值。

十九世紀中葉時，Barolo 曾是一種甜紅酒。

Barolo Chinato 是一種以內比歐露製成、加入豐富辛香料的紅苦艾酒。

# 內羅達沃拉 Nero d' Avola

"nair-oh davo-la"
aka：Calabrese

## 特性概覽

果香
酒體
單寧
酸度
酒精濃度

## 顯性風味

 黑櫻桃　　 黑李　　 甘草　　 菸草　　 辣椒

## 常見風味

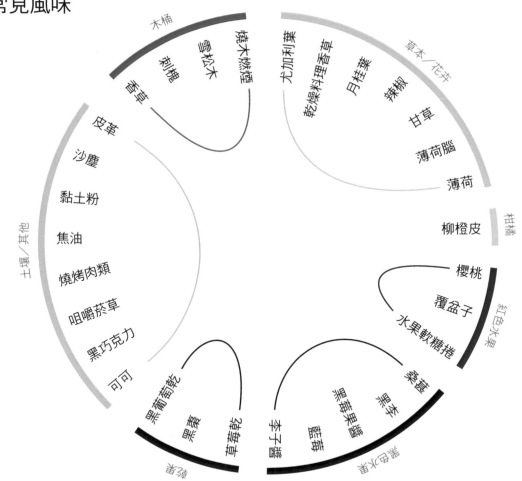

木桶
燒木燻煙
雪松木
刺槐
香草

草本／花卉
尤加利葉
乾燥料理香草
月桂葉
辣椒
甘草
薄荷腦
薄荷

柑橘
柳橙皮

紅色水果
櫻桃
覆盆子
水果軟糖捲

土壤／其他
皮革
沙塵
黏土粉
焦油
燒烤肉類
咀嚼菸草
黑巧克力
可可

黑色水果
藍莓
黑莓果醬
黑李
藍莓
李子醬

乾燥水果
黑葡萄乾
黑棗
草莓乾

144

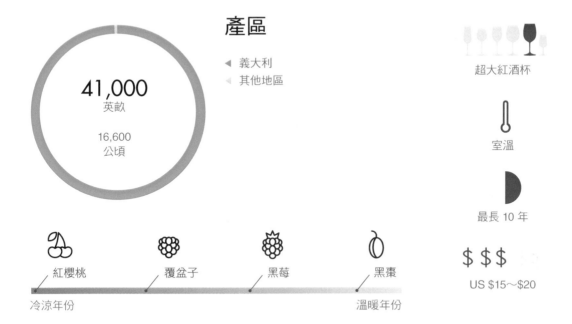

## 產區

**41,000**
英畝

16,600
公頃

◀ 義大利
◀ 其他地區

紅櫻桃　覆盆子　黑莓　黑棗

冷涼年份　　　　　　溫暖年份

超大紅酒杯

室溫

最長 10 年

$ $ $
US $15～$20

內羅達沃拉是西西里島栽種面積最廣的紅葡萄品種。所釀紅酒具有鮮明的甜美果香，餘韻通常帶有輕微的煙燻味。

一般的品飲筆記敘述中，優質的內羅達沃拉紅酒多含有紅色水果、黑胡椒、甘草和香料蛋糕等風味。

內羅達沃拉的辣椒風味在醒酒1 小時後會變得更溫和柔順。

若是你喜歡內羅達沃拉的糖漬紅色水果風味，下列的西西里紅酒可能也會符合你的胃口：

♥ Frappato
♥ Nerello Mascalese

可嘗試搭配牛尾湯、大麥燉牛肉或培根漢堡。富有野味與肉味的菜餚可突顯此紅酒的明亮、甜美水果風味。

牛尾湯

大麥燉牛肉

培根漢堡

# 小維多 Petit Verdot

◀ "peh-tee vur-doe"

## 特性概覽

果香　● ● ● ● ○
酒體　● ● ● ● ●
單寧　● ● ● ● ●
酸度　● ● ● ○ ○
酒精濃度　● ● ● ● ○

## 顯性風味

黑櫻桃　　李子　　紫羅蘭　　紫丁香　　鼠尾草

## 常見風味

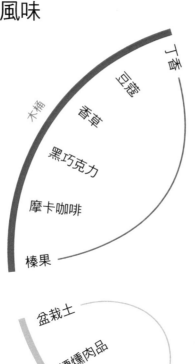

丁香
豆蔻
香草
木桶
黑巧克力
摩卡咖啡
榛果

紫羅蘭
鳶尾
紫丁香
薰衣草
草本／花卉
乾燥料理香草
百里香
鼠尾草
抹茶粉

盆栽土
煙燻肉品
木炭
甲基／礦土
煙燻

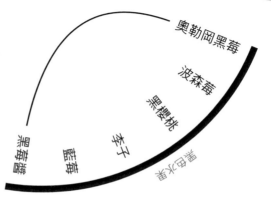

奧勒岡黑莓
波森莓
黑櫻桃
李子
草莓醬
藍莓果醬
漿果／水果

超大紅酒杯

室溫

最長 5 年

品種／小維多 Petit Verdot

## 產區

17,800
英畝

7,200
公頃

◁ 西班牙
◁ 法國
◁ 澳洲
◁ 美國
◁ 南非
◁ 智利
◁ 阿根廷
◁ 其他地區

$ $ $

US $15～$20

乾燥料理香草　　黑櫻桃　　　　藍莓　　　　　黑莓果醬

冷涼氣候　　　　　　　　　　　　　　　　温暖氣候

---

小維多常是混調酒的成員首選，因其具有顏色深紫、高單寧與具有花香等特色，該品種也因此最常出現在波爾多混調中。

若是想品嘗單一品種的小維多酒款可留意華盛頓州、加州、西班牙與澳洲等地，這些產區都擁有充足的陽光，能讓果實達到應有的熟度。

### 產區

 西班牙
可在 Castilla-La Mancha 產區找到，主要為波爾多混調酒增添黑色水果風味。

西班牙
可在 Castilla-La Mancha 產區找到，主要為波爾多混調酒增添黑色水果風味。

法國波爾多
經典的「左岸」波爾多混調酒都含有約 1～2% 的小維多。

澳洲和美國
單一品種小維多紅酒帶有藍莓、香草風味和紫羅蘭香氣。

想找風味較濃郁的波爾多混調酒？可嘗試採用更高比例小維多和／或小希哈的酒款。

智利最有名的卡門內爾酒人稱「紫色天使」（Purple Angel），其中便有 10% 的小維多以增添黑色水果、巧克力與鼠尾草等風味，讓酒風更濃醇。

147

# 小希哈 Petite Sirah

■》 "peh-teet sear-ah"
aka：Durif、Petite Syrah

## 特性概覽

果香
酒體
單寧
酸度
酒精濃度

## 顯性風味

 蜜李

 藍莓

 黑巧克力

 黑胡椒

 紅茶

## 常見風味

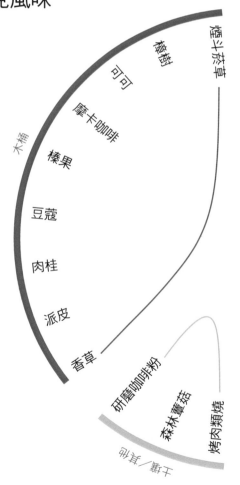
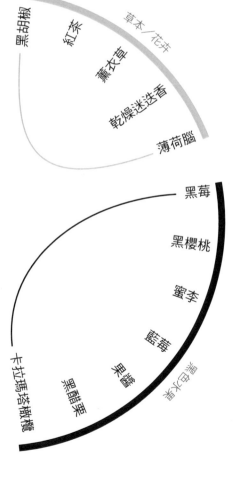

樟樹
可可
摩卡咖啡
榛果
豆蔻
肉桂
派皮
香草
甘草

木桶

黑胡椒
紅茶
薰衣草
乾燥迷迭香
薄荷腦

草本／花卉

黑莓
黑櫻桃
蜜李
藍莓
果醬
黑醋栗
卡拉瑪塔橄欖

漿果／水果

研磨咖啡粉
森林蕈菇
烤肉類燒

土壤／蕈菇

原產地：法國

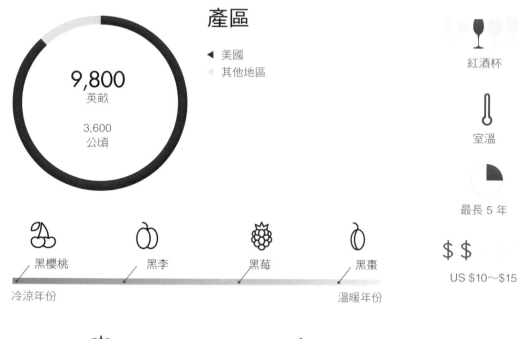

9,800
英畝

3,600
公頃

## 產區

◀ 美國
◁ 其他地區

紅酒杯

室溫

最長 5 年

$ $
US $10～$15

黑櫻桃　　黑李　　黑莓　　黑棗

冷涼年份　　　　　　　　　　　溫暖年份

希哈與源自法國西南部、名為 Peloursin 的罕見黑葡萄交配的後代便是小希哈。

今日，小希哈主要生長於美國加州，經常出現在混調酒款中，為卡本內蘇維濃和金芬黛增添酒體與厚度。

小希哈是酒體飽滿型紅酒中最物超所值的酒種之一。選購時可留意木桶培養時間較長或含有少量金芬黛的酒款，金芬黛會讓小希哈的高單寧變得較圓潤些。

小希哈與其他色澤深、高單寧品種紅酒中的抗氧化物，是清爽、色澤透亮酒種（如金芬黛和加美）的兩到三倍。

小希哈與濃郁豐厚的燉肉、烤肉、砂鍋料理以及肉類義大利麵是完美拍檔。

烤肉

肉類義大利麵

砂鍋

# 皮諾塔吉 Pinotage

◢ "pee-no-taj"

## 特性概覽

果香
酒體
單寧
酸度
酒精濃度

## 顯性風味

黑櫻桃　黑莓　無花果　薄荷腦　烤肉

## 常見風味

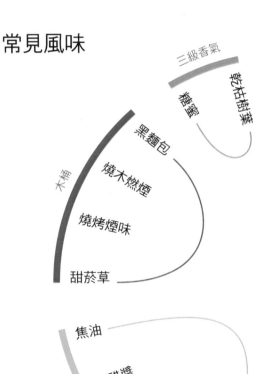
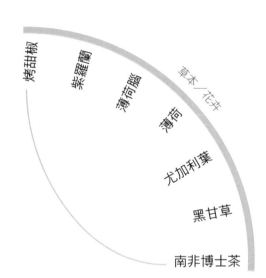

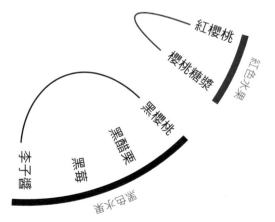

三級香氣
乾枯樹葉
糖蜜

黑麵包
燒木燃煙
燒烤煙味
甜菸草
木桶

烤甜椒
紫羅蘭
薄荷腦
薄荷
尤加利葉
黑甘草
南非博士茶
草本／花卉

紅櫻桃
櫻桃糖漿
黑櫻桃
黑醋栗
黑莓
李子醬
紅色水果
黑色水果

焦油
糖醋醬
乳菇
烤肉
醃製肉品
大地／鮮土

150

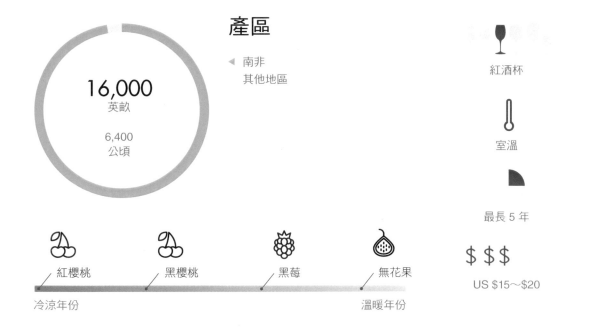

原產地：南非

## 產區

◀ 南非
其他地區

**16,000**
英畝

6,400
公頃

紅酒杯

室溫

最長 5 年

$ $ $
US $15～$20

紅櫻桃　黑櫻桃　黑莓　無花果

冷涼年份　　　　　　　　溫暖年份

皮諾塔吉是南非栽種面積第四大的紅葡萄品種，也是科學家亞伯拉罕‧斐洛（Abraham Perold）於 1925 年以人工授粉的方式雜交仙梭與黑皮諾，而創造出的新品種。斐洛教授原想嘗試打造一種味道類似黑皮諾，同時又能耐受南非氣候的新品種。

說也奇怪，皮諾塔吉的風味與兩種親屬毫無相似之處。何以如此也始終是個謎。

選購皮諾塔吉紅酒時，請挑選描述風味有出現紅色和黑色水果的酒款，這表示此款酒更均衡，也擁有更高複雜度。

避免低價的皮諾塔吉散裝酒，可能會有刺鼻的焦油和去光水氣味——也就是揮發酸的徵兆。

**相似酒種：**如果你喜歡澳洲希哈或美國小希哈，你應該也會欣賞南非皮諾塔吉的黑色水果風味與甜菸草香氣。

南非皮諾塔吉

美國小希哈　　澳洲希哈

# 希哈 Syrah

◀ "sear-ah"<br>aka：Shiraz

## ☁ 特性概覽

果香 ●●●●●<br>
酒體 ●●●●●<br>
單寧 ●●●○○<br>
酸度 ●●●○○<br>
酒精濃度 ●●●○○

## 顯性風味

藍莓

李子

牛奶巧克力

菸草

綠胡椒

## 常見風味

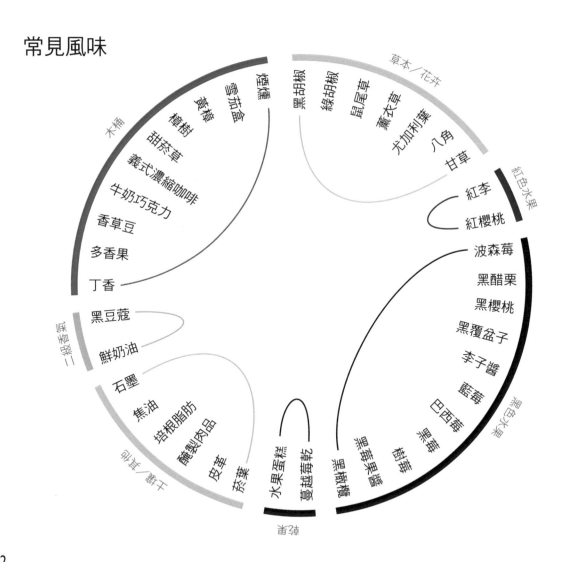

草本／花卉

黑胡椒　綠胡椒　鼠尾草　薰衣草　尤加利葉　八角　甘草

紅色水果<br>
紅李<br>
紅櫻桃

波森莓<br>
黑醋栗<br>
黑櫻桃<br>
黑覆盆子<br>
李子醬<br>
藍莓<br>
巴西莓<br>
黑莓<br>
黑莓<br>
樹莓<br>
黑莓果醬<br>
黑莓果醬<br>
果醬類<br>
黑色水果

木桶<br>
黃樟<br>
樟樹<br>
甜菸草<br>
義式濃縮咖啡<br>
牛奶巧克力<br>
香草豆<br>
多香果<br>
丁香

二級香氣<br>
黑豆蔻<br>
鮮奶油<br>
石墨<br>
焦油<br>
培根脂肪<br>
醃製肉品<br>
皮革<br>
菸葉

陳年／風乾

水果蛋糕　蔓越莓乾

果乾

**152**

品種／希哈 Syrah

## 產區

459,000
英畝

185,600
公頃

◀ 法國
◀ 澳洲
◀ 西班牙
◀ 阿根廷
◀ 南非
◀ 美國
◀ 義大利
◀ 智利
◀ 葡萄牙
◀ 其他地區

紅酒杯

室溫

最長 10 年

$ $
US $10～$15

橄欖　　紅李　　藍莓　　黑莓果醬

冷涼氣候　　　　　　　　溫暖氣候

**產區差異**：若是比較不同產區的希哈紅酒，你會發現當中有些風味差異：

 果香鮮明，黑莓、藍莓與甜菸草

果香鮮明的酒體飽滿型紅酒，富有黑莓、藍莓、甜菸草、煙燻、巧克力、烘焙香料與香草風味

● 美國加州
● 南澳
● 西班牙
● 阿根廷
● 南非

 帶鮮味的李子、橄欖與綠胡椒

帶有鮮味的酒體中等至飽滿型紅酒，風味包括李子、橄欖、波森莓、皮革、綠胡椒培根油脂與可可粉

● 法國隆河
● 美國華盛頓州哥倫比亞河谷
● 澳洲維多利亞
● 西澳
● 智利

單一品種希哈紅酒的產區：

● 南澳
● 北隆河
● 美國加州
● 美國華盛頓州哥倫比亞河谷

希哈與其他品種混調的產區：

● 法國隆河丘
● 法國隆格多克─胡西雍
● 西班牙卡斯提亞─拉曼恰
● 西班牙艾斯垂馬杜拉
● 西班牙加泰隆尼亞
● 西班牙瓦倫西亞
● 西班牙亞拉崗

153

# 田帕尼優 Tempranillo

◀ "temp-rah-nee-oh"
aka：Cencibel、Tinta Roriz、Tinta de Toro、Rioja與Ribera del Duero

## 特性概覽

果香
酒體
單寧
酸度
酒精濃度

## 顯性風味

櫻桃　　無花果乾　　雪松木　　菸草　　蒔蘿

## 常見風味

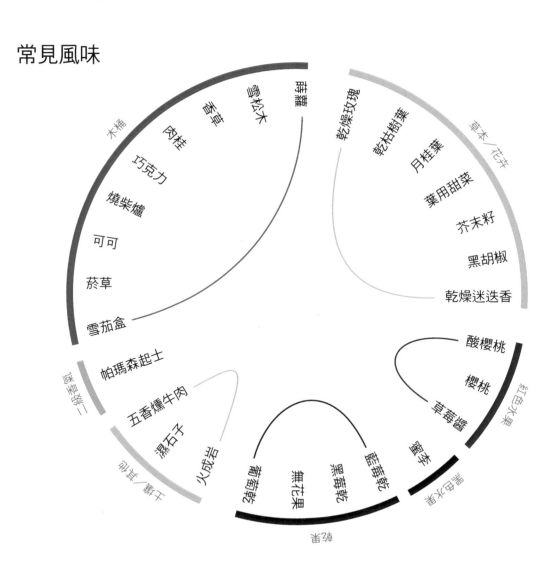

蒔蘿
雪松木
香草
肉桂
巧克力
燒柴爐
可可
菸草
雪茄盒
帕瑪森起士
五香燻牛肉
濕石子
火成岩
木桶

乾燥玫瑰
乾枯樹葉
月桂葉
葉用甜菜
芥末籽
黑胡椒
乾燥迷迭香
草本／花卉

酸櫻桃
櫻桃
草莓醬
李
藍莓乾
黑莓乾
無花果
葡萄乾
紅色水果

草本／菌土

糖漬／黑色水果

菜餚

## 產區

**575,000**
英畝

232,700
公頃

◀ 西班牙
◀ 葡萄牙
◀ 阿根廷
◀ 法國
◀ 澳洲
◀ 其他地區

紅酒杯

室溫

最長 10 年

$$$
US $15～$20

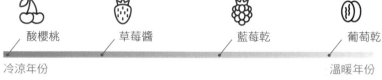

酸櫻桃　　草莓醬　　藍莓乾　　葡萄乾

冷涼年份　　　　　　　　　　　溫暖年份

**法定產區酒名**：田帕尼優是西班牙頂尖紅酒採用的品種，這類酒款通常以產區名稱標示：

- **里奧哈**
  Rioja
- **Castilla y León**
  Ribera del Duero
  Cigales
  Toro
- **La Mancha**
  Valdepeñas
- **Extremadura**
  Ribera del Guadiana

**木桶培養用語**：西班牙葡萄酒的差異可以用木桶培養時間的長短區分。各產區的規定各有不同。

- ☑ Roble／Tinto
  短時間或未經木桶培養
- ☑ Crianza
  約6～12個月的木桶培養
- ☑ Reserva
  木桶培養12個月，瓶中陳年時間最多可達2年
- ☑ Gran Reserva
  約18～24個月的木桶培養，瓶中陳年時間最多可達4年

**常見風格**

年輕（Roble／Tinto）
多汁的紅色水果、料理香草及一絲活潑的辛香調。

短期陳放（Reserva）
紅色和黑色水果風味，帶有乾燥玫瑰及烘焙香料。

長期陳放（Reserva＋）
紅色和黑色水果乾，並在無花果、肉桂與雪松木風味中，帶點皮革與塵土內乾枯樹葉的氣息。

# 杜麗佳 Touriga Nacional

## 特性概覽

果香 ●●●●○
酒體 ●●●●●
單寧 ●●●●●
酸度 ●●●●○
酒精濃度 ●●●●○

## 顯性風味

紫羅蘭

藍莓

李子

薄荷

濕板岩

## 常見風味

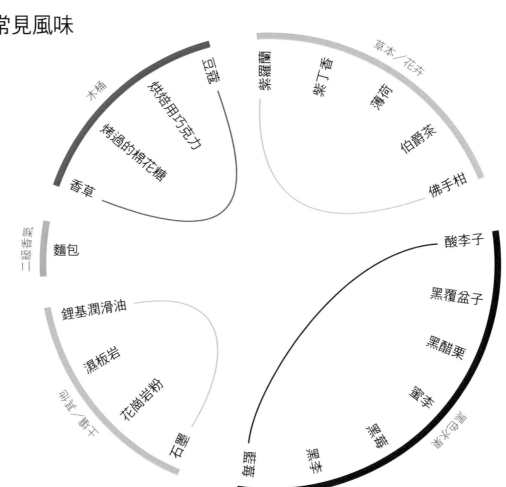

木桶
豆蔻
烘焙用巧克力
烤過的棉花糖
香草

草本／花卉
紫羅蘭
紫丁香
薄荷
伯爵茶
佛手柑

二級香氣
麵包

礦物／泥土
鋰基潤滑油
濕板岩
花崗岩粉
石墨

黑色水果
酸李子
黑覆盆子
黑醋栗
李子
黑莓
黑李
草莓

156

📍 原產地：葡萄牙

## 產區

◁ 葡萄牙
◁ 其他地區

**26,000**
英畝

10,500
公頃

酸李子　　黑覆盆子　　蜜李　　藍莓

冷涼年份　　　　　　　　　　　　溫暖年份

超大紅酒杯

室溫

最長 5 年

$$$
US $15～$20

原產於葡萄牙斗羅河谷的杜麗佳是顏色頗深的紅葡萄品種。此品種傳統上用來釀造波特酒（Port），雖然已有葡萄牙釀酒師開始嘗試用杜麗佳與其他波特酒的主要品種釀製干型紅酒。

以杜麗佳釀成的紅酒含有豐沛的黑色水果風味，單寧強勁，並帶有細緻的紫羅蘭花香。

### 產區

○ Duoro
一般富有藍莓、黑醋栗、紫羅蘭、香草及輕微的烤肉香氣。骨架紮實，單寧細緻。

○ Dão
此為比 Duoro 較冷涼、海拔也較高的產區，酒款有更多的紅色水果、佛手柑與紫羅蘭風味，並有活潑的酸度支撐。

○ Alentejo
此產區的酒風濃郁而多汁，富黑色和紅色水果、紫羅蘭、甘草等風味，且經常帶有一絲源於木桶培養的香草味。

美國栽種杜麗佳的面積不到100英畝，且多數位於加州洛代。

157

# 甜點酒

馬德拉Madeira
瑪薩拉Marsala
波特Port
索甸Sauternais
雪莉Sherry
聖酒Vin Santo

甜點酒的甜度範圍從微甜到極甜不等，其中甜度和酸度最高的酒種擁有多年的陳年潛力，可在長期窖藏後發展出細緻的堅果風味。

部分甜點酒是以加入烈酒白蘭地的方式終止發酵、穩定酒質，這種工序稱為加烈（fortification）。加烈酒（Fortified Wine）的酒精濃度較高，開瓶後仍可以儲藏長達一個月。

本書將一般常見的甜點酒納入，但仍有更多的甜點酒種散布在世界各地。

# 甜點酒種類

## 加烈酒
## Fortified Wine

通常在酵母將葡萄的糖分完全發酵轉化為酒精之前，以加入烈酒的方式穩定酒質，同時保有果實的甜度。

## 遲摘酒
## Late-Havest Wine

等到葡萄生長季末期的果實糖分含量達到最高時才採收。

## 風乾葡萄酒
## Dried Grape Wine

在義大利稱為 Passito。果實攤開自然風乾，最多可去除高達 70% 的水分。

## 冰酒
## Ice Wine／Eiswein

果實在葡萄藤上自然受凍結冰，並趕在融化之前採收、榨汁，釀成的甜度非常高的酒。

## 貴腐酒
## Noble Rot Wine

俗稱的貴腐菌（*Botrytis cinerea*）會讓葡萄果實失去水分而乾縮，集中甜度並賦予蜂蜜和類似薑的風味。

# 馬德拉 Madeira

## 特性概覽

果香 ●●●○○
酒體 ●●●●○
甜度 ●●●●○
酸度 ●●●●○
酒精濃度 ●●●●○

## 顯性風味

焦糖　　胡桃油　　桃子　　榛果　　柳橙皮

## 常見風味

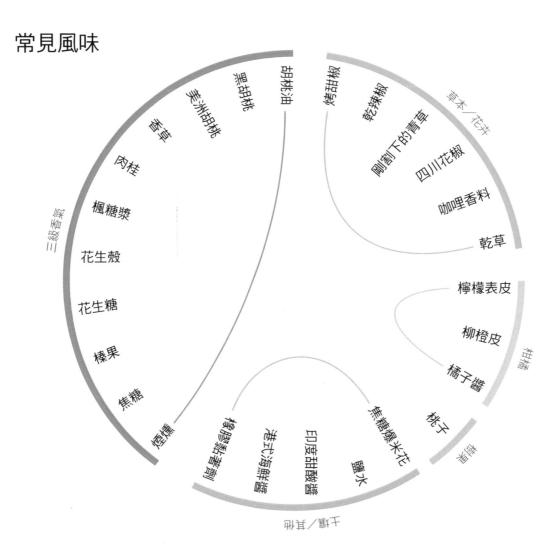

胡桃油

黑胡桃

美洲胡桃

香草

肉桂

楓糖漿

花生殼

花生糖

榛果

焦糖

煙燻

三級香氣

烤甜椒

乾辣椒

剛割下的青草

四川花椒

咖哩香料

乾草

草本／花卉

檸檬表皮

柳橙皮

橘子醬

柑橘

桃子

焦糖爆米花

鹽水

印度甜酸醬

黑糖蜜太妃糖

隨身攜帶甜料

乾果／其他

核果

160

● 原產地：葡萄牙馬德拉島

1,000
英畝

400
公頃

認證封條

W.FOLLY
MADEIRA — 生產者

BUAL
MEDIUM RICH — 風格
甜度

1990 — 等級與
COLHEITA — 陳年時間

## 甜度

⬡ Extra Dry：0～50g / L RS

⬡ Dry：50～65 g / L RS

⬡⬡ Medium Dry：65～80
g / L RS

⬡⬡ Medium Rch/Sweet：
80～96 g / L RS

⬡⬡ Rich/Sweet：96 g / L RS以上

# 產區

◀ 葡萄牙馬德拉

## 等級和陳年時間

無年份馬德拉

**Finest／Choice／Select**
以Estufa人工加熱法熟成3年，
並以內格羅摩爾葡萄釀成。

**Rainwater**
熟成3年的半干型的馬德拉酒，
主要以內格羅摩爾調配而成。

**5 年／Reserve／Mature**
熟成5～10年，主要以內格羅摩
爾調配而成。

**10年／Special Reserve**
以Canteiro方式自然高溫熟成10
～15年。通常為單一品種釀成。

**15年／Extra Reserve**
以Canteiro方式自然高溫熟成15
～20年。通常為單一品種釀成。

年份馬德拉酒

**Colheita／Harvest**
單一年份經過5年以上的Canteiro
自然高溫熟成。通常為單一品種
釀成。

**Solera**
多年份混調且經Canteiro自然高溫
熟成，索雷拉（Solera）系統的
第一個年份會標在酒標上，但現
已停產。

**Frasqueira／Garrafeira**
單一年份經Canteiro自然高溫熟成
20年以上的酒種。非常罕見。

白酒或甜酒杯（3 Oz）

酒窖溫度

最長2年

$ $

US $10～$15

⬭ Estufa（人工加熱熟成法）
將酒置於加熱槽短期熟成。

⬭ Canteiro（自然高溫熟成法）
將酒裝於木桶，並放置在溫暖的酒
窖或太陽下自然熟成。

## 馬德拉種類

♈ Tinta Negramoll／Rainwater
從不甜到甜型不等，入門等級。

♈ Sercial
最清爽、極不甜型風格（請冰
鎮後飲用）。

♈ Verdelho
清爽、香氣型，不甜至半不甜
型（請冰鎮後飲用）。

♈ Bual／Boal
半甜型帶堅果風味。

♈ Malmsey
甜度最高的風格。

酒種／馬德拉 Madeira

161

# 瑪薩拉 Marsala

"mar-sal-uh"
類型：加烈酒

## 特性概覽

果香 ●●●
酒體 ●●●●
甜度 ●●●●
酸度 ●●●
酒精濃度 ●●●●

## 顯性風味

燉杏桃

香草

羅望子

紅糖

菸草

## 常見風味

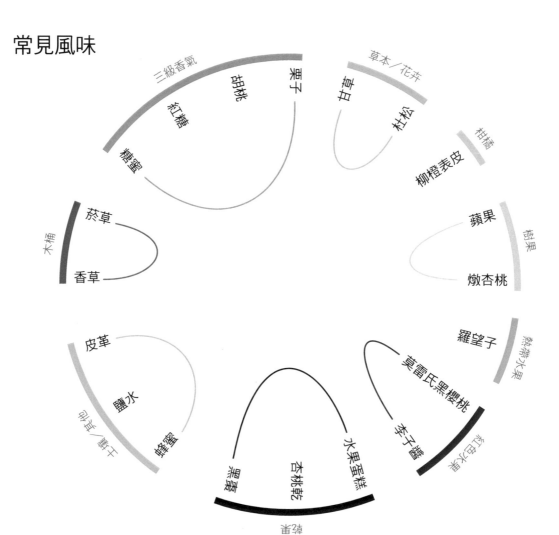

三級香氣　胡桃　栗子
紅糖
糖蜜

草本／花卉　杜松
青苔

柑橘　柳橙表皮

樹果　蘋果　燉杏桃

木桶　菸草　香草

熱帶水果　羅望子

莫雷氏黑櫻桃

紅色水果　李子醬

皮革　鹽水　蜂蜜
蕈菇／風乾

水果蛋糕　杏桃乾　黑棗

甜點

# 產區

◀ 義大利西西里

100,000
英畝

45,500
公頃

甜酒杯（3 Oz）

酒窖溫度

▶

最長 2 年

$ $

US $10～$15

## 瑪薩拉的風格

Gold（ORO）
以白葡萄釀成。

Amber（AMBRA）
以白葡萄和加熱濃縮葡萄汁釀成。

Rosso（RUBINO）
罕見的紅瑪薩拉，白葡萄比例最高30%。

## 瑪薩拉葡萄品種

Grillo
Cattarato
Inzolia
Greciano

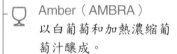
Nero d'Avola
Pignatello
Nerello Mascalese

## 陳年時間與類型

烹調用
- Fine／Fine Ip
  各種甜度都有，熟成時間1 年。
- Superior
  各種甜度都有，熟成時間1 年。

品飲用
- Superior Reserve
  不甜至半甜型，熟成時間4 年以上。
- Virgin／Virgin Solera
  不甜型，熟成時間 5 年以上。
- Virgin Stravecchio／Virgin Reserve
  不甜型，熟成時間 10 年以上。

## 甜度

⬡ 不甜（secco）：0～40 g／L RS

⬡ 半甜（semisecco）：40～100 g／L RS

⬡ 甜（dolce）：100 g／L RS。或稱GD（garibaldi dolce）

## 烹調用的瑪薩拉

甜型瑪薩拉
調配出甜味醬料適合用於豬肉和雞肉料理，或是甜點如沙巴雍（Zabaglione）。

不甜型瑪薩拉
適用在開胃前菜，或為鮮嫩的牛腰肉、洋菇、火雞與小牛肉增添堅果風味。此為料理的百搭好選擇。

# 波特 Port

🔊 "port"
類型：加烈酒

## 特性概覽

果香 ●●●●●
酒體 ●●●●●
單寧 ●●●●●
酸度 ●●●●○
酒精濃度 ●●●●●

## 顯性風味

 完熟黑莓　 覆盆子醬　 肉桂　 蘋果糖　 八角

## 常見風味

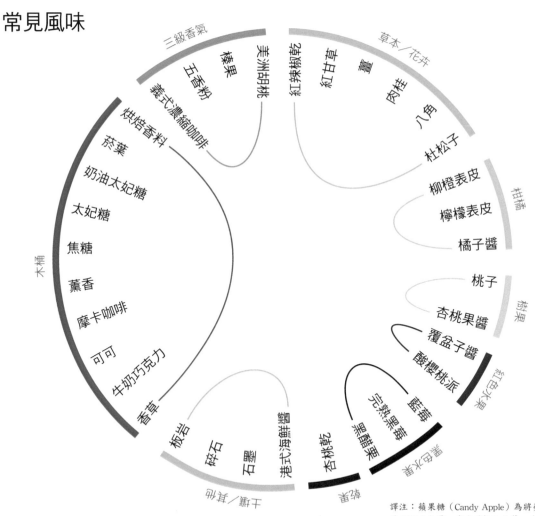

譯注：蘋果糖（Candy Apple）為將蘋果外層以糖衣包覆，中央再插入竹籤。有「萬聖節棒棒糖」之稱。

111,000
英畝

45,000
公頃

# 產區

◀ 葡萄牙斗羅

甜酒杯（3 Oz）

室溫

15 年以上

$$$$

US $20～$30

## 年輕波特

年輕類型的波特酒，僅經過短時間陳化，為即飲而釀製。此類酒款通常擁有更多的香料風味與單寧。

🍷 紅寶石波特（Ruby）
紅色水果與巧克力風味，帶有活潑的酸度。

🍷 晚裝瓶波特（late bottled vintage，LBV）
紅色與黑色水果風味，並具有香料與可可香氣，高單寧與酸度。

🍷 白波特（White）
桃乾、白胡椒、橘子皮與薰香等香氣。

🍷 粉紅波特（Rosé）
草莓、蜂蜜、肉桂與覆盆子利口酒風味。

## 茶色波特（Tawny Port）

經過數年木桶培養的波特酒，擁有緩慢氧化發展出的堅果風味。由於陳年工序在酒廠完成，上市後可立即享用。

🍷 10 年
覆盆子、藍莓乾、肉桂、丁香與焦糖香氣。

🍷 20 年
無花果、葡萄乾、焦糖、柳橙皮和肉桂香氣。

🍷 40 年
杏桃乾、柳橙皮、焦糖和太妃香氣。

🍷 Colheita
單一年份茶色波特。風味依照酒齡而各有不同。

## 具陳年潛力的波特

採用傳統軟木塞封瓶，可陳放 40 年以上。

🍷 年份波特
（Vintage Port）
絕佳年份出產的單一年份波特。至少應陳放 10 年，一般陳放 30～50 年最為理想。

🍷 酒渣型波特
（Crusted Port）
混調多個年份釀成的波特酒，與年份波特一樣屬於須經過瓶陳的類型，瓶中常有沉澱物，飲用前須先過濾除渣。

# 索甸 Sauternais

◀》 "sow-turn-aye"
類型：貴腐酒

## 特性概覽

果香 ●●●●●
酒體 ●●●○○
甜度 ●●●●○
酸度 ●●●●○
酒精濃度 ●●●○○

## 顯性風味

檸檬
蛋黃醬　　杏桃　　榅桲　　蜂蜜　　薑

## 常見風味

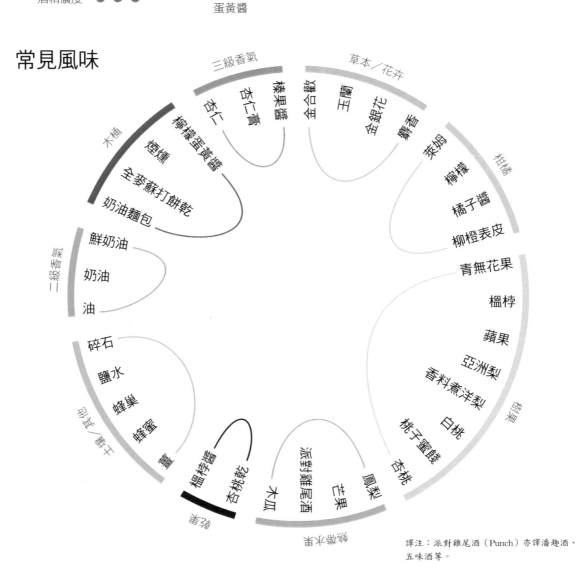

三級香氣

草本／花卉

木桶

二級香氣

三級香氣：樣果醬、杏仁膏、杏仁、檸檬蛋黃醬、煙燻、全麥蘇打餅乾、奶油麵包

草本／花卉：鈴蘭、鬱金香、金銀花、麝香、茉莉

二級香氣：鮮奶油、奶油、油

礦石：碎石、鹽水、蜂巢、蜂蜜、薑

柑橘：檸檬、橘子醬、柳橙表皮

核果：青無花果、榅桲、蘋果、亞洲梨、香料煮洋梨、白桃、桃子蜜餞、杏桃

熱帶水果：榅桲醬、杏桃乾、木瓜、派對雞尾酒、芒果、鳳梨

譯注：派對雞尾酒（Punch）亦譯潘趣酒、五味酒等。

# 產區

◀ 法國波爾多

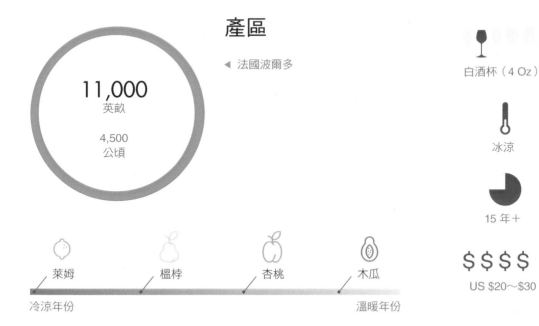

11,000
英畝

4,500
公頃

萊姆　　　　　櫧椂　　　　　杏桃　　　　　木瓜

冷涼年份　　　　　　　　　　　　　　　　溫暖年份

白酒杯（4 Oz）

冰涼

15 年＋

$ $ $ $
US $20～$30

---

**品種**：波爾多的甜酒均以白葡萄釀成。

🍇 榭密雍
常見的要角。
榭密雍可增添酒體和熱帶果香。

🍇 白蘇維濃
帶來萊姆和葡萄柚風味，以及略帶刺激感的酸度。

🍇 蜜思卡岱
通常僅占典型調配比例的一小部分。

**主要產區**：Sauternais 指的是波爾多的甜酒產區，其典型的特色是鄰近河岸，因帶濕氣的環境有利於貴腐菌的滋生（見名詞解釋）。

● Sauternes
● Bordeaux Moelleux
● Barsac
● Sainte-Croix-du-Mont
● Loupiac
● Graves Supérieures
● Premières Côtes de Bordeaux
● Cadillac

某些生產者僅在白葡萄染上貴腐菌的年份才生產甜酒。

一杯 4 Oz 的索甸平均含有近 17 公克的糖分，但由於與生俱來的高酸度，口感仍能維持均衡。

167

# 雪莉 Sherry

"share-ee"
類型：加烈酒

## 特性概覽

果香 ●● ◌ ◌ ◌
酒體 ●●● ◌ ◌
甜度 ●● ◌ ◌ ◌
酸度 ●●● ◌ ◌
酒精濃度 ●●●● ●

## 顯性風味

波羅蜜　　鹽水　　醃檸檬　　巴西栗　　杏仁

## 常見風味

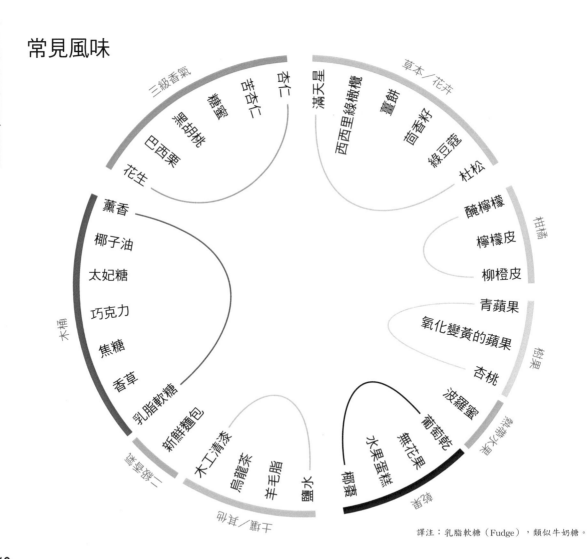

三級香氣　苦杏仁　杏仁　滿天星　草本／花卉
糖蜜　黑胡桃　西西里綠橄欖　薑餅
巴西栗　茴香籽
花生　綠豆蔻
薰香　杜松
椰子油　醃檸檬
太妃糖　檸檬皮　柑橘
巧克力　柳橙皮
焦糖　青蘋果
香草　氧化變黃的蘋果　樹果
乳脂軟糖　杏桃
新鮮麵包　波羅蜜
木工清漆　葡萄乾
烏龍茶　無花果
羊毛脂　水果蛋糕
鹽水　椰棗
木桶　二級香氣　手工／蕈菇　乾果

譯注：乳脂軟糖（Fudge），類似牛奶糖。

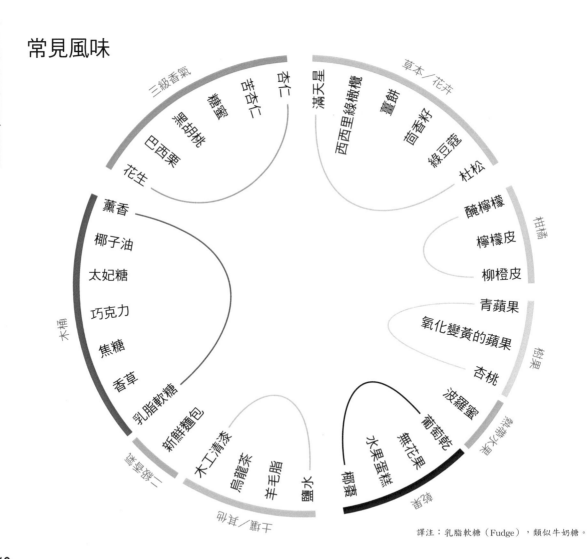

葡萄酒風格／甜點酒

winefolly.com / learn / wine / sherry

168

● 原產地：西班牙

78,000
英畝

31,600
公頃

## 產區

◀ 西班牙安達魯西亞

白酒杯或甜酒杯（3 Oz）

酒窖溫度

最長 2 年

---

### 不甜型雪莉酒

下列雪莉酒以 Palomino Fino 葡萄釀成，風格依照釀造工法各有不同。

Fino & Mmanzanilla
非常清爽而帶鹹味與果味的風格。請冰鎮後飲用。

Amontillado
稍微濃郁一些的堅果風格，介於 Fino 和 Oloroso 之間。

Palo Cortado
豐潤的烘焙咖啡和糖蜜風味。

Oloroso
經長期氧化陳年培養出來的深色堅果風格。

### 甜型雪莉酒

釀造甜型雪莉的典型品種是 Pedro Ximénez 或 Moscatel。

PX（Pedro Ximénez）
以 Pedro Ximénez 釀成，甜度最高的風格，具有無花果和椰棗風味。

Moscatel
以亞歷山大蜜思嘉釀成的高甜度風格，帶有焦糖風味。

加甜型雪莉
Oloroso 與 PX 調配而成。

⬦ Dry：5～45 g / L RS
⬦ Medium：5～115 g / L RS
⬦⬦ Pale cream：45～115 g / L RS
⬕ Cream：115～140 g / L RS
⬕ Dulce：160 g / L RS以上

### $ $ $
US $15～$20

### 索雷拉陳年系統

雪莉酒採用獨特的多年份陳化技術，稱為索雷拉，即是 3～9 層（西班牙語 Criaderas）的多層木桶培養工序：

4階段系統

新酒置於最上層，並從底層取出小比例培養好的成酒。酒液在這樣的工序下至少培養 3 年，最長可達 50 年甚至更久。此外，也有相當罕見的年份雪莉 Añada，並不使用索雷拉陳年系統釀造。

169

# 聖酒 Vin Santo

◀) "vin son-tow"
類型：風乾葡萄酒

## 特性概覽

| | |
|---|---|
| 果香 |  |
| 酒體 | |
| 甜度 | |
| 酸度 | |
| 酒精濃度 | |

## 顯性風味

 香水　 無花果　 葡萄乾　 杏仁　太妃糖

## 常見風味

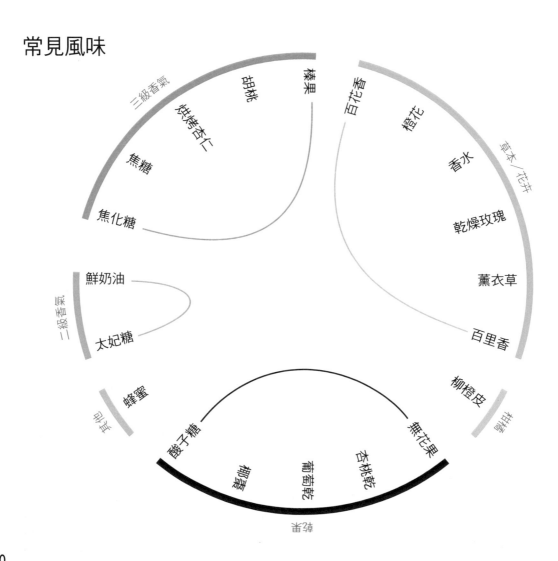

三級香氣
胡桃　榛果
柑烤杏仁
焦糖
焦化糖

百花果　橙花　草本／花卉
香水
乾燥玫瑰
薰衣草
百里香
柳橙皮　柑橘

二級香氣
鮮奶油
太妃糖

果香
蜂蜜
酸子糖
椰棗　葡萄乾　杏桃乾　無花果
乾果

170

# 產區

◀ 義大利中部

58,000
英畝

23,400
公頃

白酒杯（4 Oz）

酒窖溫度

15 年＋

$$$$

US $20～$30

聖酒是以 Appassimento 方式釀成。葡萄收成後攤在草席風乾，最長可達 6 個月，讓果實脫去最多 70％ 的水分。

葡萄　　草席　　葡萄乾

接著，將葡萄乾榨汁，放進橡木或栗木桶進行發酵，因糖分高而過程相當緩慢，完成發酵的時間可長達 4 年。

**常見風格**

 白聖酒
最常見的聖酒類型，富無花果乾、杏仁及太妃糖風味，主要以 Malvasia Bianca 和 特比亞諾品種釀成。

紅聖酒
罕見的聖酒類型，名為 Occhio di Pernice，有焦糖、咖啡與榛果風味，是以山吉歐維謝品種釀成。

托斯卡尼和翁布里亞是義大利聖酒的主要產區。西西里島也出產一種優質的風乾葡萄酒（Passito）風格的 Malvasia 品種酒款，名為 Malvasia delle Lipari。

傳統上聖酒在復活節當週搭配杏仁脆餅享用。

# 葡萄酒產區

# 葡萄酒產區

世界葡萄酒產區        義大利

阿根廷        紐西蘭

澳洲        葡萄牙

奧地利        南非

智利        西班牙

法國        美國

德國

# 世界葡萄酒產區

全世界有超過 90 個國家出產葡萄酒。本書介紹的 12 個國家產量占整體的 80%。

## 世界葡萄酒產量排名

葡萄酒年產量：

### 68 億加侖

（2012 年）

◀ 義大利
◀ 法國
◀ 西班牙
◀ 美國
◀ 阿根廷
◀ 澳洲
◀ 南非

◀ 智利
◀ 德國
◀ 葡萄牙
◀ 奧地利
◀ 紐西蘭
◀ 其他國家

68 億加侖的年產量，相當於可以把 99 個曼哈頓區灌滿 12 公尺高的葡萄酒。

## 冷涼與溫暖氣候的產區差異

氣候能影響葡萄酒的風味。一般而言，冷涼氣候會讓葡萄酒帶有更高酸度，而溫暖氣候下產出的葡萄酒，則有更多完熟風味。

| 萊姆 | 青蘋果 | 黃蘋果 | 油桃 | 完熟桃子 | 杏桃乾 |

冷涼氣候 　　　　　　　　　　　溫暖氣候 　　　　　　　　　　　炎熱氣候

### ☁ 冷涼氣候產區

冷涼氣候產區以出產酸度較高的優質白酒聞名。較冷涼的生長區位於靠近兩極的高緯度地帶、海拔較高之處以及有冷空氣降溫調節的區域。

### ⛅ 溫暖氣候產區

溫暖氣候產區以出產中至高酸度的紅、白酒聞名。

### ☀ 炎熱氣候產區

炎熱氣候產區以出產較濃郁與中至低酸度的紅酒聞名。

# 生產葡萄酒的區域

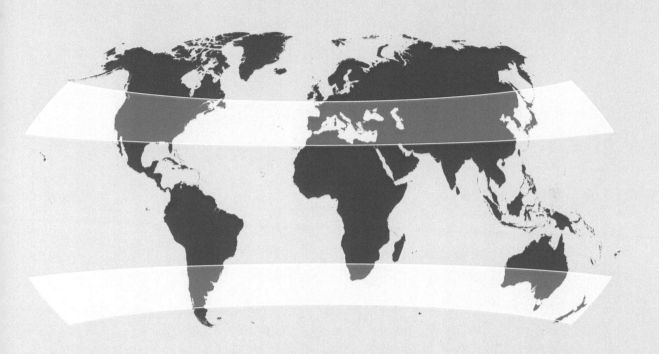

■ 釀酒葡萄生長的緯度帶

上圖顯示釀酒葡萄生長帶的概
況。值得注意的是，部分位
於範圍以外的區域，由於獨特
的微氣候條件，也能生產葡萄
酒，如巴西、墨西哥和印度的
部分地區。

177

# 阿根廷 Argentina

阿根廷屬於新世界產區，以出產濃郁帶果香的馬爾貝克品種最為出名，
光是此國家出產的馬爾貝克紅酒，便占全球該品種產量的 75％ 以上。

497,000
英畝

202,000
公頃

## 產區（依大小排序）

◀ 門多薩
◁ 聖胡安
◁ 略哈
◀ 巴塔哥尼亞
◁ 沙爾塔
◀ 卡塔馬卡
◁ 土庫曼

## 阿根廷主要酒種

### 🍇 馬爾貝克

該國最重要的酒種，依照年份、品質與木桶培養的程度，風味從高酸多汁的覆盆子，到豐潤的藍莓與甜菸草不等。

├─● 門多薩 ── Luján de Cuyo
└─● 沙爾塔 ── Uco Valley

### 🍇 卡本內蘇維濃

阿根廷的卡本內蘇維濃有濃郁的覆盆子、摩卡咖啡與菸草風味，以及中等的單寧與銳利的酸度。

└─● 門多薩 ── Luján de Cuyo
　　　　　　　Maipú

### 🍇 伯納達（Bonarda／Douce Noir）

在加州稱為 Charbono，伯納達是阿根廷種植面積第二的品種。通常帶有黑醋栗、甘草與乾燥綠草本風味。

├─● 略哈
└─● 門多薩

### 🍇 希哈

阿根廷的希哈酒體飽滿，富有波森莓、甘草、李子與可可風味。最好的酒款均產自高海拔的次產區。

├─● 聖胡安
└─● Uco Valley（門多薩）

### 🍇 多隆帝斯

阿根廷特有品種，風味從柑橘味的干型到具豐富的桃子與芭樂香氣的微甜類型都有。

├─● 沙爾塔
├─● 卡塔馬卡
└─● 略哈

### 🍇 黑皮諾

阿根廷的黑皮諾富有完熟覆盆子、大黃、礦石與香料李子等風味。

├─● 巴塔哥尼亞
└─● Uco Valley（門多薩）

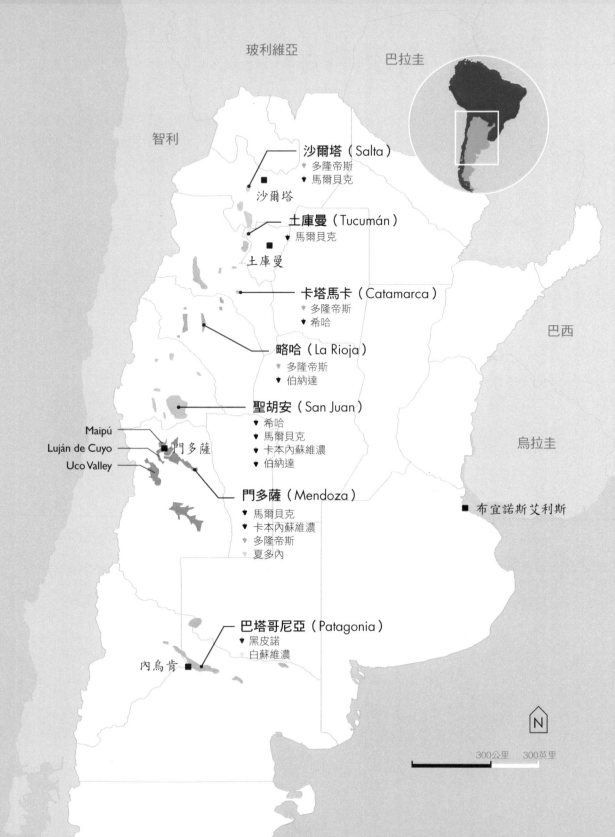

玻利維亞

巴拉圭

智利

**沙爾塔（Salta）**
多隆帝斯
馬爾貝克

沙爾塔

**土庫曼（Tucumán）**
馬爾貝克

土庫曼

**卡塔馬卡（Catamarca）**
多隆帝斯
希哈

**略哈（La Rioja）**
多隆帝斯
伯納達

**聖胡安（San Juan）**
希哈
馬爾貝克
卡本內蘇維濃
伯納達

Maipú
Luján de Cuyo
Uco Valley

門多薩

**門多薩（Mendoza）**
馬爾貝克
卡本內蘇維濃
多隆帝斯
夏多內

巴西

烏拉圭

■ 布宜諾斯艾利斯

**巴塔哥尼亞（Patagonia）**
黑皮諾
白蘇維濃

內烏肯

N

300公里　300英里

# 澳洲 Australia

澳洲最知名的酒種是希哈紅酒，其風格非常濃郁、帶煙燻味，且果味鮮明。
澳洲的氣候可分為 3 個不同的區塊，出產一系列不同類型的酒款。

## 產區（依大小排序）

**376,000**
英畝

152,000
公頃

◁ 南澳
◁ 新南威爾斯
◁ 維多利亞
◁ 西澳
◁ 塔斯馬尼亞
◁ 昆士蘭

## 西澳

 溫暖氣候

西澳以出產未過桶的夏多內聞名。不過，該產區也生產不少酒體輕盈的卡本內蘇維濃，富有完熟黑色水果與紫羅蘭香氣，以及持久的酸度。

　▽ 未過桶夏多內
　▽ 白蘇維濃
　♢ 優雅的卡本內蘇維濃和梅洛混調酒

## 南澳與中澳

 炎熱氣候

占地最大的葡萄酒生產區域，以帶煙燻味而濃郁的希哈、榭密雍與夏多內最為知名。較涼爽的迷你產區，能產出優秀的石油系氣味的干型麗絲玲與富桃子味的白蘇維濃。

　♠ 濃郁的希哈
　▽ 奶油味夏多內
　▽ 干型麗絲玲

## 維多利亞與塔斯馬尼亞

☁ 冷涼氣候

此地區較上述區域涼爽許多，出產酸度漂亮的黑皮諾和夏多內。所產的紅酒酒體偏向清瘦，酒風也較優雅。

　♠ 李子味黑皮諾
　♠ 奶油般質地的夏多內
　▽ 柑橘系白蘇維濃

**昆士蘭（Queensland）**
♥ 希哈
▽ 夏多內

**南澳（South Australia）**
♥ 希哈
♥ 卡本內梅洛混調
▽ 夏多內
▽ 麗絲玲
▽ 榭密雍
♥ 隆河／GSM 混調

**新南威爾斯**
**（New South Wales）**
▽ 夏多內
♥ 希哈
▽ 榭密雍
♥ 卡本內梅洛混調

**西澳（Western Australia）**
♥ 卡本內梅洛混調
▽ 未過桶夏多內
▽ 白蘇維濃
♥ 希哈

**維多利亞**
**（Victoria）**
夏多內
♥ 希哈
♥ 卡本內梅洛混調
♥ 黑皮諾
白蘇維濃

**塔斯馬尼亞**
**（Tasmania）**
♥ 黑皮諾
夏多內
白蘇維濃
♥ 氣泡酒

N

750公里　　750英里

# 澳洲產區細部圖

**西澳**（Western Australia）

🍷 卡本內梅洛混調
🍷 未過桶夏多內
🍷 白蘇維濃
🍷 希哈

Swan District

Perth Hills

伯斯

Peel

Geographe

Blackwood Valley

Manjimup

Great Southern

Pemberton

Margaret River

昆士蘭
（Queensland）
　🍷 希哈
　🍷 夏多內
South Burnett

布里斯本 ■

Granite Belt

New England Australia

南澳（South Australia）
　🍷 希哈
　🍷 卡本內梅洛混調
　🍷 夏多內
　🍷 麗絲玲
　🍷 榭密雍
　🍷 隆河／GSM 混調

Southern
Flinders
Ranges

新南威爾斯
（New South Wales）
　🍷 夏多內
　🍷 希哈
　🍷 榭密雍
　🍷 卡本內梅洛混調

Hastings River

Clare Valley
Barossa Valley
Eden Valley
Riverland

Mudgee
Orange
Cowra
Hilltops
Gundagai

Hunter Valley

雪梨 ■

Adelaide
Plains

阿得雷德 ■

Adelaide Hills
McLaren Vale
Langhorne Creek
Currency Creek
Southern Fleurieu

Murray Darling
Swan Hill
Pericoota

Riverina

Southern Highlands
Shoalhaven Coast
Canberra District
Tumbarumba

Kangaroo Island

Heathcote
Bendigo
Macedon Ranges
Pyrenees
Grampians

Goulburn Valley
Rutherglen
Glenrowan
Beechworth
Alpine Valleys
King Valley
Strathbogie Ranges
Gippsland
Upper Goulburn

Mount Benson

Robe

Padthaway

Henty

墨爾本 ■

Wrattonbully

Geelong
Sunbury

Coonawarra
Mount Gambier

Mornington Peninsula
Yarra Valley

維多利亞（Victoria）
　🍷 夏多內
　🍷 希哈
　🍷 卡本內梅洛混調
　🍷 黑皮諾
　白蘇維濃

塔斯馬尼亞
（Tasmania）
　🍷 黑皮諾
　夏多內
　白蘇維濃
　🍷 氣泡酒

North West
Pipers River
Tamar Valley
East Coast
Coal River Valley
Derwent Valley
Huon Valley

N

300公里　　300英里

# 奧地利 Austria

奧地利屬於冷涼產區，以出產綠維特林納白酒聞名。
奧地利葡萄酒最為人熟知的是礦物系白酒和富辛香料風味的紅酒。

113,000
英畝

45,900
公頃

## 產區（依大小排序）

◁ 下奧地利
◁ 布根蘭
◁ 史泰爾馬克
◁ 維也納
◁ 其他

## 奧地利主要葡萄酒種

### 🍇 綠維特林納

此為該國首屈一指的代表品種，從清爽帶胡椒、柑橘風味到更濃郁的Reserve等級都有，後者通常經過木桶培養，並帶有更多熱帶水果風味。

偏胡椒風味的產區
└ ● 下奧地利
　　　　└ ● Weinviertel
　　　　└ ● Traisental

偏果香的產區
└ ● 下奧地利
　　　　└ ● Kremstal
　　　　└ ● Kamptal
　　　　└ ● Wagram
　　　　└ ● Wachau

### 🍇 茨威格（Zweigelt）

發音為zz-Y-gelt。此為酒體輕盈的紅酒，帶有鮮明的櫻桃風味與些許的草本微苦餘韻。粉紅酒則較偏果香型。

└ ● 布根蘭
└ ● 下奧地利
　　　　└ ● Carnuntum
　　　　└ ● Thermenregion

### 🍇 藍波特基斯（Blauer Portugieser）

簡單易飲的清爽型紅酒，富有紅色水果與木本草香，單寧與酸度都較低。

└ ● 下奧地利
　　　　└ ● Thermenregion
　　　　└ ● Weinviertel

### 🍇 藍佛朗克（Blaufränkisch）

發音為blao-frankish。帶辛香料氣味的中等酒體紅酒，具有森林紅漿果風味，單寧紮實緊澀。

└ ● 布根蘭
└ ● 下奧地利
　　　　└ ● Carnuntum
　　　　└ ● Thermenregion

### 🍇 白皮諾（Pinot Blanc）

當地稱為Weissburgunder，帶有花香與草本礦物風味。

└ ● 下奧地利
└ ● 布根蘭

捷克
共和國

斯洛伐克

Weinviertel

Kamptal

Kremstal

Wachau

Wagram

Traisental

■ 林茲

下奧地利
（Niederösterreich）

　綠維特林納
♥ 藍波特基斯
　麗絲玲

維也納（Wien）
Gemischter Satz

■ 維也納

Carnuntum

Thermenregion

Neusiedlersee

艾森斯塔特

Neusiedlersee-Hügelland
(Leithaberg)

布根蘭

♥ 藍佛朗克
♥ 茨威格

Mittelburgenland

Südburgenland

史泰爾馬克（Steiermark）

　白皮諾
　白蘇維濃
♥ 米勒土高
　（Müller-Thurgau）

Süd-Oststeiermark

Weststeiermark

Südsteiermark

斯洛維尼亞

N

50公里　　　50英里

# 智利 Chile

智利氣候冷涼，以出產清瘦帶果香的波爾多混調酒款最為知名。該國的葡萄酒產區可依照從海岸到安第斯山脈（Andes Mountains）之間的範圍，分為 3 大區域。

276,000
英畝

111,500
公頃

## 產區（依大小排序）

- ◄ 中央谷地
- ◄ 阿空加瓜
- ◄ 南部產區
- ◄ 科金波
- ◄ 奧斯特拉
- ◄ 亞他加馬

## 智利海岸區

 冷涼氣候

智利的海岸區有寒冷的洪保德海流（Humboldt current）帶來的降溫調節，所產白酒帶有輕微的鹹味，柑橘果香鮮明，黑皮諾則多汁鮮美。

- 夏多內
- 白蘇維濃
- 黑皮諾

## 內陸谷地

 溫暖氣候

內陸谷地包含中央谷地產區，以出產優雅的紅酒聞名。此區專門生產富有紅色水果風味、酸度突出的波爾多混調紅酒。

- 波爾多混調
- 小維多
- 希哈
- 卡門內爾
- 卡利濃

## 安第斯山脈

 溫暖氣候

安第斯山脈山腳的高海拔葡萄園出產富有單寧架構的紅酒，遇上好年份可釀出擁有豐沛完熟紅色水果風味且酸度出色的葡萄酒。

- 希哈
- 卡本內蘇維濃
- 卡本內弗朗
- 卡門內爾

亞他加馬
（Atacama）

🍶 Pisco（白蘭地）

■ 科皮亞波
Copiapó Valley

Huasco Valley

拉塞雷納 ■
Elqui Valley

科金波（Coquimbo）
Limari Valley
夏多內
白蘇維濃
🍷 希哈

Choapa Valley

阿空加瓜
（Aconcagua）
Aconcagua Valley
白蘇維濃
夏多內
Casablanca Valley
🍷 黑皮諾
瓦爾帕萊索 ■
San Antonio Valley
聖地牙哥 ■
Leyda Valley
Maipo Valley

中央谷地
（Central Valley）
蘭卡瓜 ■
Cachapoal Valley
🍷 波爾多混調
Colchagua Valley
🍷 卡門內里
🍷 卡利濃
Curico Valley
🍷 小維多
塔爾卡 ■
🍷 希哈
Maule Valley

Itata Valley
康塞普森 ■

南部產區
（South）
Bío-Bío Valley
🍷 巴依絲
夏多內
Malleco Valley
🍷 黑皮諾

■ 特木科

Cautín Valley

奧斯特拉
（Austral）
■ 奧索爾諾
🍷 黑皮諾
夏多內
Osorno Valley

N

200公里　200英里

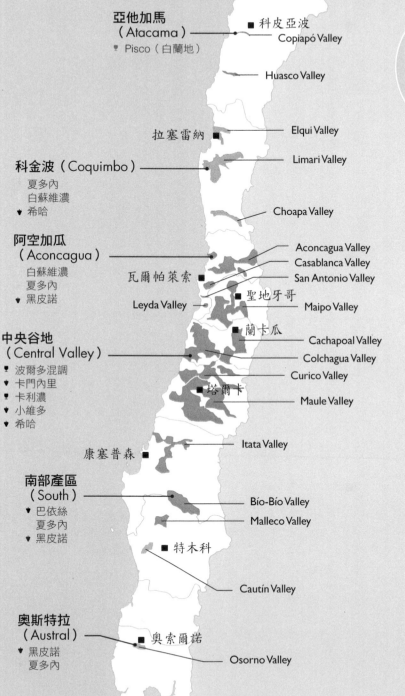

# 法國 France

法國以出產擁有土壤系香氣、礦物風味鮮明且酸度突出的葡萄酒聞名。
該國可依照氣候分為三大區域。

## 產區（依大小排序）

◀ 隆格多克－胡西雍　　◀ 布根地
◀ 波爾多　　　　　　　◀ 薄酒來
◀ 隆河谷地　　　　　　◀ 阿爾薩斯
◀ 羅亞爾河谷　　　　　◀ 科西嘉島
◀ 西南產區
◀ 普羅旺斯
◀ 香檳

**2,000,000**
英畝

836,000
公頃

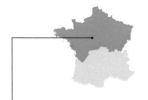

## 法國北部

 冷涼氣候

法國北部出產的葡萄酒擁有非常高的酸度，以及酸味水果與礦物風味。

該區特色酒種：

🍷 香檳
　 蜜思卡得
🍷 羅亞爾河白蘇維濃
🍷 布根地夏多內
🍷 羅亞爾河白梢楠
🍷 阿爾薩斯麗絲玲
🍷 布根地黑皮諾

## 法國中部

 溫暖氣候

法國中部的葡萄酒擁有溫和的酸度，以及酸味水果與土壤風味。

該區特色酒種：

🍷 波爾多榭密雍
🍷 薄酒來加美
🍷 波爾多混調紅酒
🍷 北隆河希哈
🍷 索甸

## 南法地中海區

 溫暖氣候

法國地中海區所產的葡萄酒酸度中等，擁有完熟果香以及土壤系風味。

該區特色酒種：

🍷 利慕（limoux）氣泡酒
🍷 普羅旺斯粉紅酒
🍷 隆河／GSM混調
🍷 高比耶（Corbières）
　 卡利濃與隆河混調
🍷 卡奧爾馬爾貝克

英國

比利時

德國

## 阿爾薩斯（Alsace）
- 灰皮諾
- 麗絲玲
- 格烏茲塔明那
- 阿爾薩斯氣泡酒
  （Crémant d' Alsace）

## 香檳（Champagne）
- 香檳

■ 漢斯

■ 巴黎

史特拉斯堡

## 羅亞爾河（Loire Valley）
- 蜜思卡得
- 白蘇維濃
- 白梢楠
- 卡本內弗朗

■ 南特

■ 第戎

瑞士

## 布根地（Burgundy）
- 夏多內
- 黑皮諾
- 布根地氣泡酒
  （Crémant de Bourgogne）

## 薄酒來（Beaujolais）
- 加美

里昂 ■

## 波爾多
（Bordeaux）
- 榭密雍混調
- 波爾多混調
- 索甸

■ 波爾多

## 隆河谷地
（Rhône Valley）
- 希哈
- 隆河丘
- 維歐尼耶

義大利

■ 尼斯

■ 馬賽

## 西南產區
（South West）
- 馬爾貝克（卡奧爾）
- 居宏頌（Jurançon）

## 隆格多克－胡西雍
（Languedoc-Roussillon）
- 格那希混調
- 卡利濃混調
- 粉紅酒
- 利慕氣泡酒
  （Ccrémant de Limoux）

## 普羅旺斯（Provence）
- 粉紅酒
- Bandol（慕維得爾）

西班牙

N
100公里　100英里

## 科西嘉島（Corsica）
- 粉紅酒

# 法國波爾多

波爾多是梅洛和卡本內蘇維濃的發源地，也是著名的波爾多混調的主要品種。該區的葡萄酒產量有將近 90% 都是紅酒。

## 波爾多紅酒分級

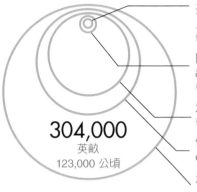

**304,000**
英畝
123,000 公頃

列級酒莊（Grand Cru Classé）
／$$$$$+
僅限格拉夫、梅多克與聖愛美濃三區

匠人酒莊與中級酒莊（Cru Artisan & Cru Bourgeois）／$$$
梅多克區特有

法定產區／$$
如「兩海之間」

優級波爾多（Bordeaux Supéri-eur）／$$

法定產區／$

## 尋找優質酒

除了留意年份以外，可挑選產自次法定產區的酒款。另外，如果酒標上出現「Grand Vin de Bordeaux」字樣，即代表生產者旗下最頂級的酒款。

 好年份：
2010、2009、2008、2005、2003、2000、1998、1990、1989

## 波爾多主要葡萄酒種

### 🍷 波爾多「左岸」

加隆河西邊主要栽種卡本內蘇維濃。該地區出產的葡萄酒帶有黑醋栗、鉛筆芯、紫羅蘭、菸草、可可與甘草風味，並擁有紮實的單寧架構。不少酒款都有 20 年的陳年潛力。

### 🍷 波爾多「右岸」

加隆河東邊所出產的紅酒是以梅洛為主角，佐以卡本內弗朗混調而成。風味有皮革、草莓、無花果、李子、香草、烤杏仁與煙燻，單寧絲滑細緻。部分酒款有 30 年的陳年潛力。

### 🍷 波爾多丘

波爾多丘（Côtes de Bordeaux），鄰近河川的區域稱為 Côtes，斜坡之意。出產以梅洛為主的混調酒，帶有辛香料味的紅色水果、青椒與草本風味，單寧厚實澀口。陳年潛力為 10 年。

### 🥂 波爾多白酒

多以榭密雍和白蘇維濃混調而成，風味有柑橘、洋甘菊、葡萄柚與蜂蠟。酒風較濃郁的波爾多白酒產於貝沙克－雷奧良與格拉夫；較清爽的波爾多白酒則來自兩海之間。

### 🍷 粉紅酒和淡紅酒

濃郁而色深的干型粉紅酒，有紅醋栗、野草莓、牡丹與玫瑰果等風味。Clairet（發音為 Clair-ett）淡紅酒是波爾多紅酒原本在十八和十九世紀時的風格。

### 🍷 索甸

位於加隆河沿岸的一系列甜點酒產區，其中最大的法定產區是索甸，出產濃稠、具蜂蜜味、蠟味與桃子香氣，以榭密雍為主的甜酒。

普瓦圖－夏朗德
（Poitou-Charentes，
干邑產區）

梅多克
（Médoc）
♥ 卡本內蘇維濃
♥ 梅洛
♥ 小維多

波爾多丘
（Côtes de Bordeaux）
♥ 梅洛
♥ 卡本內蘇維濃
♥ 卡本內弗朗
◦ 白蘇維濃

利布內（Libournais）
♥ 梅洛
♥ 卡本內弗朗
♥ 卡本內蘇維濃

梅多克

Saint-Estèphe

Pauillac

Saint-Julien

Haut Médoc

Listrac-Médoc

Moulis

上梅多克

瑪歌

Blaye Côtes de Bordeaux
Côtes de Blaye
Blaye

■ 布萊

Côtes de
Bourg

Pomerol
Lalande-de-Pomerol
Montagne-St.-Émilion
St.-Georges-St.-Émilion
Lussac-St.-Émilion
Puisseguin-St.-Émilion

Fronsac
Canon-
Fronsac

利布恩
■

聖愛
美濃

Francs Côtes
de Bordeaux

Castillon Côtes
de Bordeaux

多爾多涅河

格拉夫
（Graves）
♥ 卡本內蘇維濃
♥ 梅洛
榭密雍
白蘇維濃

波爾多

吉隆河

Graves-de-Vayres
Premières Côtes de Bordeaux

Saint-Foy-Bordeaux

兩海之間
（Entre-Deux-Mers）
♥ 波爾多丘
波爾多白酒

Pessac-Léognan

Haut-Benauge

索甸（Sauternais）
♥ 索甸

Cadillac

Cérons

Loupiac

Barsac

Sauternes

Sainte-Croix-du-Mont

Graves Supérieures

■ 朗貢

Côtes de Bordeaux St. Macaire

西南產區

波爾多地區性法定產區酒
（Bordeaux Regional Wines）
♥ 波爾多
♥ 優級波爾多
♥ 粉紅酒／淡紅酒
◦ 波爾多氣泡酒

波爾多地區性
法定產區

N

20公里          20英里

# 法國布根地

夏多內和黑皮諾源自於布根地。布根地的夏多內雖約占總產量的60%，但仍以出產富有花香與土壤氣息的黑皮諾最為人熟知。

## 布根地葡萄酒分級

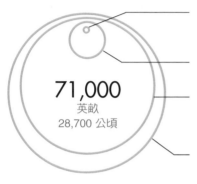

**71,000**
英畝
28,700 公頃

特級園（Grand Cru）／$$$$$+
43個特級園均位於金丘和夏布利

一級園（Premier Cru）／$$$$+
共有684個，例如Mercurey 1er Cru。

村莊級（Appellation/Village）
／$$$$+
共計44個法定產區，例如Macon-Villages
或Mercurey。

地區級（Regional Wine）／$$$+
共有23個法定產區，例如Bourgogne
Rouge或Crémant de Bourgogne。

## 常見用語

**Domaine**：擁有自家葡萄園的酒莊
**Negociant**：酒商品牌，向外收購葡萄或葡萄酒
**Clos**：有石牆圍繞的葡萄園
**Lieudit/Climat**：酒標註明的特定園區地塊名稱

好年份：
2013、2012、2011、2010
、2009、2005

## 布根地主要葡萄酒種

### 夏布利

夏布利主要生產未過桶夏多內。其酒款有黃蘋果、百香果與柑橘風味和高酸度。夏布利的特級園酒款則多半經木桶培養而有烤麵包味。

### 黑皮諾（金丘區）

村莊級的酒款風味樸實，帶有蘑菇、盆栽土與酸莓果香氣。一級園和特級園酒款則擁有中等單寧，風味則為蔓越莓乾、糖煮木槿、香草和玫瑰。

### 夏多內（金丘區）

金丘主要生產未過桶夏多內。酒款擁有黃蘋果、檸檬蛋黃醬、榲桲塔、香草與榛果風味。留意伯恩丘出產的酒款，可找到這類風格的高品質夏多內。

### 夏多內（馬貢區）

馬貢區出產清爽的未過桶夏多內，富有完熟黃蘋果風味，並帶有些微的檸檬皮、杏桃香氣與爽口的餘韻。最大的酒村包括 Pouilly-Fuissé、Saint-Véran 和 Viré-Clessé。

### 布根地氣泡酒

此法定產區名稱為 Crémant de Bourgogne，採用與香檳區相同的工法，釀造白和粉紅氣泡酒。這也是一種性價比非常高的地區級酒種。

### 黑皮諾（其他地區）

夏隆內丘也生產黑皮諾，風味有李子、波森莓與豆蔻，以及乾燥樹葉和盆栽土等土壤系氣息。可留意 Givry 和 Mercurey 等法定產區。

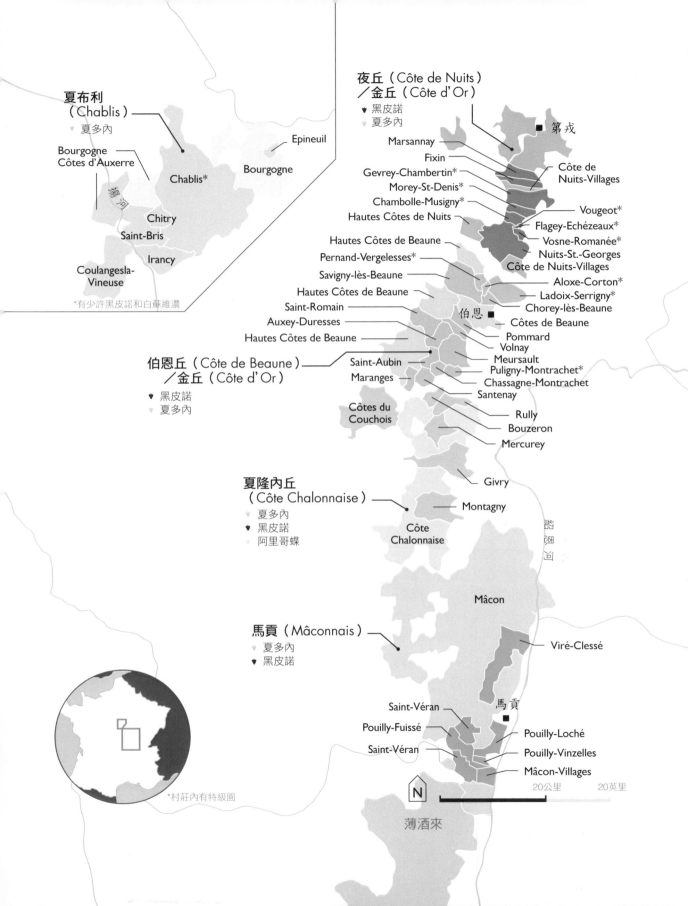

夏布利
（Chablis）
  ▽ 夏多內

Bourgogne
Côtes d'Auxerre

Chablis*

Epineuil

Bourgogne

Chitry

Saint-Bris

Irancy

Coulangesla-
Vineuse

*有少許黑皮諾和白蘇維濃

夜丘（Côte de Nuits）
／金丘（Côte d'Or）
  ▼ 黑皮諾
  ▽ 夏多內

第戎

Marsannay

Fixin

Gevrey-Chambertin*

Morey-St-Denis*

Chambolle-Musigny*

Hautes Côtes de Nuits

Côte de
Nuits-Villages

Vougeot*

Flagey-Echézeaux*

Vosne-Romanée*

Nuits-St.-Georges

Côte de Nuits-Villages

Aloxe-Corton*

Ladoix-Serrigny*

Chorey-lès-Beaune

Côtes de Beaune

Pommard

Volnay

Meursault

Puligny-Montrachet*

Chassagne-Montrachet

Santenay

Rully

Bouzeron

Mercurey

Hautes Côtes de Beaune

Pernand-Vergelesses*

Savigny-lès-Beaune

Hautes Côtes de Beaune

Saint-Romain

Auxey-Duresses

Hautes Côtes de Beaune

伯恩

伯恩丘（Côte de Beaune）
／金丘（Côte d'Or）
  ▼ 黑皮諾
  ▽ 夏多內

Saint-Aubin

Maranges

Côtes du
Couchois

Givry

Montagny

夏隆內丘
（Côte Chalonnaise）
  ▽ 夏多內
  ▼ 黑皮諾
  ▽ 阿里哥蝶

Côte
Chalonnaise

Mâcon

馬貢（Mâconnais）
  ▽ 夏多內
  ▼ 黑皮諾

Viré-Clessé

Saint-Véran

馬貢

Pouilly-Fuissé

Saint-Véran

Pouilly-Loché

Pouilly-Vinzelles

Mâcon-Villages

*村莊內有特級園

N

20公里       20英里

薄酒來

# 法國隆河谷地

隆河谷地以具皮革味和果香的南隆河混調紅酒，以及具草本鮮味的北隆河希哈聞名。

## 隆河葡萄酒的分級

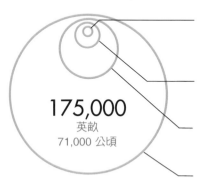

175,000
英畝
71,000 公頃

教皇新堡（Châteauneuf-du-Pape）、Cornas、Côte-Rôtie與艾米達吉（Hermitage）／$$$$$+
4個頂級獨立村莊（本區稱為Cru）

其他獨立村莊／$$$$
12個其他獨立村莊，例如Lirac和Gigondas。

村莊級（Côtes du Rhône Villages）／$$
95個村莊

地區級隆河丘與衛星法定產區／$

## 尋找優質酒

超值酒款的風味每年各有不同，所以可以依照整體年份表現挑選酒款。品質較高的生產者推出的酒款年份差異會較小，陳年潛力也較好，尤其是來自北隆河和獨立村莊。

 好年份：
2012、2010、2009、2007、2005、2001、2000

## 隆河主要葡萄酒種

### 🍷 隆河丘紅酒

部分評價最高的南隆河紅酒的調配比例為格那希含量較高。儘管此酒種的風味相當濃郁，卻極少過桶。風味從糖漬蔓越莓到皮革與培根油脂都有。

### 🍷 隆河粉紅酒和塔維爾粉紅酒

隆河粉紅酒充滿了豐富的野草莓和紅醋栗風味。色澤相當深的塔維爾（Tavel）粉紅酒據說曾是作家也是男人中的男人——海明威的最愛。

### 🍷 隆河丘白酒

馬姍和維歐尼耶是隆河白酒的要角。酒款通常帶有柑橘系香氣，蘋果與蜂蠟風味，以及類似花崗岩的礦物味。北隆河出產最濃郁的白酒，富有杏仁、白桃與橙花香氣。

### 🍷 教皇新堡

最濃郁且陳年潛力強大的南隆河混調之一，以超過13個品種釀成。主要品種包括格那希、希哈、慕維得爾和仙梭。

### 🍷 北隆河希哈

希哈的發源地所產的豐潤濃郁的紅酒，典型風格帶點肉味，並富有大量的黑醋栗、甘草、李子與橄欖風味。最頂級的酒款能陳放 20 年。

### 🍷 天然甜酒

較罕見的酒種，以白蜜思嘉釀成，為 Beaumes de Venise 產區。法國人稱之為 VDN 或天然甜酒（Vin doux Naturels），也就是加烈甜點酒。酒款豐潤而帶有蘭花、糖漬柑橘、蜂蜜與熱帶水果風味。

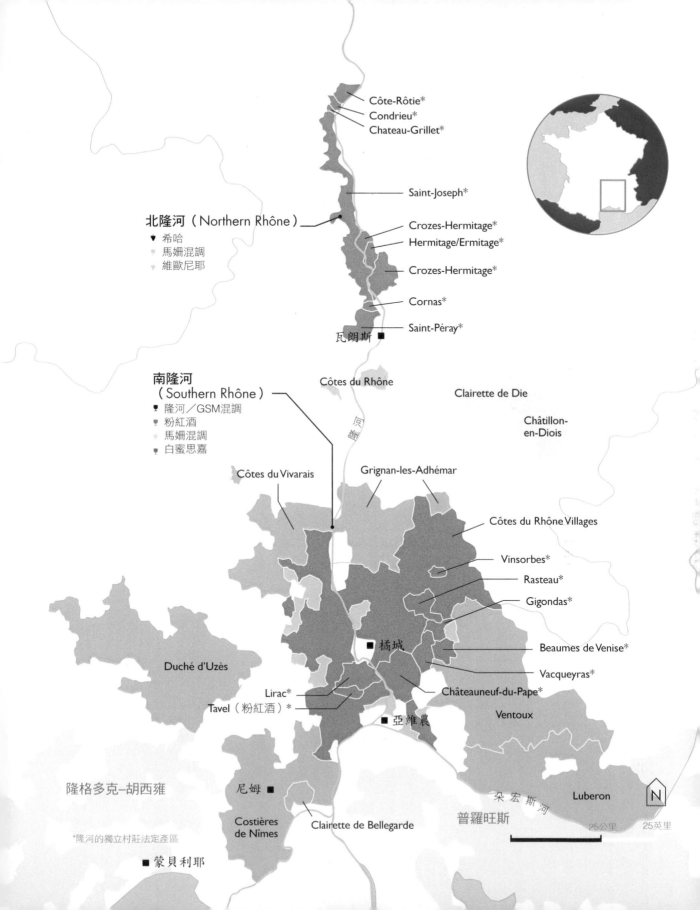

Côte-Rôtie*
Condrieu*
Chateau-Grillet*

Saint-Joseph*

北隆河（Northern Rhône）
🍷 希哈
🍷 馬姍混調
🍷 維歐尼耶

Crozes-Hermitage*
Hermitage/Ermitage*

Crozes-Hermitage*

Cornas*

Saint-Péray*
瓦朗斯 ■

Côtes du Rhône

Clairette de Die

Châtillon-
en-Diois

南隆河
（Southern Rhône）
🍷 隆河／GSM混調
🍷 粉紅酒
🍷 馬姍混調
🍷 白蜜思嘉

Côtes du Vivarais

Grignan-les-Adhémar

Côtes du Rhône Villages

Vinsorbes*

Rasteau*

Gigondas*

Beaumes de Venise*

橘城 ■

Vacqueyras*

Duché d'Uzès

Lirac*

Châteauneuf-du-Pape*

Tavel（粉紅酒）*

Ventoux

亞維農 ■

隆格多克-胡西雍

尼姆 ■

朵宏斯河

Luberon

N

普羅旺斯

Costières
de Nîmes

Clairette de Bellegarde

25公里    25英里

*隆河的獨立村莊法定產區

■ 蒙貝利耶

# 德國 Germany

德國氣候冷涼，產地主要以麗絲玲與完熟且樸質風格的黑皮諾品種酒款。

250,000
英畝

102,000
公頃

## 產區（依大小排序）

◄ 萊茵黑森
◄ 法茲
◄ 巴登
◄ 符騰堡
◄ 摩塞爾
◄ 法蘭肯
◄ 那赫

◄ 萊茵高
◄ 薩勒－溫斯圖特
◄ 阿爾
◄ 薩克森
◄ 中萊茵
◄ 黑森山道

## 德國主要品種

### 🍇 麗絲玲

德國最重要的品種，以釀成芳香型葡萄酒聞名，風格從干型（trocken）到極甜的冰酒（Eiswein）都有。

├─ • 摩塞爾
├─ • 萊茵高
├─ • 萊茵黑森
└─ • 中萊茵

### 🍇 米勒土高

簡單易飲的香氣型白酒，富有桃子與花香，通常略帶甜味。

├─ • 萊茵黑森
├─ • 法蘭肯
└─ • 法茲

### 🍇 黑皮諾

黑皮諾（Spätburgunder）通常帶有蔓越莓、櫻桃與隱約的土壤系風味。此類酒款常令人聯想到布根地紅酒。

├─ • 巴登
├─ • 法蘭肯
└─ • 阿爾

### 🍇 丹非特（Dornfelder）

中等酒體的易飲紅酒，有甜味紅色水果風味，並帶點草本香氣，單寧中等，酸度活潑。

├─ • 萊茵黑森
└─ • 法茲

### 🍇 灰皮諾與白皮諾

德國生產的白皮諾（Weissburgunder）與灰皮諾（Graubur-gunder）屬於豐潤濃郁型，有白桃、柑橘與細緻的蜂巢香氣。

└─ • 巴登

### 🍇 希爾瓦那（Silvaner）

清爽的干型白酒，擁有高酸度與柑橘皮和青蘋果風味。

├─ • 萊茵黑森
└─ • 法蘭肯

荷蘭

柏林

薩勒－溫斯圖特
（Saale-Unstrut）
　▼ 米勒土高
　▼ 丹非特

中萊茵
（Mittelrhein）
　▼ 麗絲玲

萊茵高（Rheingau）
　▼ 麗絲玲
　▼ 黑皮諾

薩克森
（Sachsen）
　▼ 米勒土高
　▼ 麗絲玲

阿爾（Ahr）
　▼ 黑皮諾

萊茵黑森（Rheinhessen）
　▼ 米勒土高
　▼ 麗絲玲
　▼ 丹非特
　　希爾瓦那

黑森山道
（Hessische Bergstrasse）
　▼ 麗絲玲

法蘭克福

摩塞爾
（Mosel）
　▼ 麗絲玲

法蘭肯（Franken）
　▼ 米勒土高
　　希爾瓦那
　▼ 麗絲玲

捷克

那赫
（Nahe）
　▼ 麗絲玲
　▼ 米勒土高

曼海姆

符騰堡（Württemberg）
　▼ 奇亞瓦（Schiava）
　▼ 麗絲玲
　▼ 藍佛朗克

法茲
（Pfalz）
　▼ 麗絲玲
　▼ 丹非特
　▼ 米勒土高

斯圖加特

巴登（Baden）
　▼ 黑皮諾
　▼ 米勒土高
　▼ 格烏茲塔明那

慕尼黑

法國

瑞士

奧地利

N

100公里　　100英里

# 義大利 Italy

義大利葡萄酒以濃郁、樸質的風味聞名。該國依照氣候的不同，可以大致分為主要 3 大區域。

**1,500,000**
英畝

625,700
公頃

## 產區（依大小排序）

◀ 西西里　　　　◀ 坎帕尼亞　　　　　　　◀ 翁布里亞
◀ 普利亞　　　　◀ 倫巴底　　　　　　　　◀ 卡拉布里亞
◀ 唯內多　　　　◀ 弗里尤利－維內奇朱利亞　◀ 莫里塞
◀ 托斯卡尼　　　◀ 薩丁尼亞　　　　　　　◀ 巴西里卡達
◀ 艾米里亞－羅馬涅　◀ 馬給　　　　　　　◀ 利古里亞
◀ 皮蒙　　　　　◀ 拉齊奧　　　　　　　　◀ 奧斯塔谷
◀ 阿布魯佐　　　◀ 鐵恩提諾－上阿第杰

## 義大利北部

☁ 冷涼氣候

北義葡萄酒擁有較高的酸度，以及酸味水果與草本風味。
該區特色酒種：

- Prosecco
- Moscato d' Asti
- 灰皮諾
- Soave
- 巴貝拉
- 瓦波利切拉
- Barolo（內比歐露）

## 義大利中部

⛅ 溫暖氣候

中義葡萄酒擁有較高的酸度，以及完熟水果、皮革與黏土風味。

該區特色酒種：

- Lambrusco
- 維門替諾
- 奇揚替（chianti，品種為山吉歐維榭）
- 超級托斯卡尼（波爾多混調）
- 蒙鐵布奇亞諾
- 聖酒

## 義大利南部與島嶼

☀ 炎熱氣候

南義葡萄酒擁有中等酸度、甜味水果與皮革風味。
該區特色酒種：

- 維門替諾
- Cannonau（格那希）
- Primitivo（金芬黛）
- 內格羅阿瑪羅
- 內羅達沃拉
- 瑪薩拉

斯塔谷
（Valle d' Aosta）
- 小紅（Petite Rouge）
  小阿維（Petite Arvine）

倫巴底（Lombardy）
灰皮諾
- Franciacorta
- 黑皮諾
- Valtellina

鐵恩提諾－上阿第杰
（Trentino-Alto Adige）
灰皮諾
- Trento
- 格烏茲塔明那

弗里尤利－維內奇朱利亞
（Friuli-Venezia Giulia）
灰皮諾
白蘇維濃
弗里烏拉諾（Friulano）
- 梅洛

唯內多（Veneto）
- 瓦波利切拉
  灰皮諾
  Soave
  Prosecco

米蘭

維羅那

威尼斯

杜林

阿斯堤

熱那亞

波隆那

艾米里亞－羅馬涅（Emilia-Romagna）
- Lambrusco
- 山吉歐維樹
  特比亞諾（Trebbiano）

利古里亞（Liguria）
Cinque Terre

佛羅倫斯

馬給（Marche）
維爾第奇歐（Verdicchio）
- 蒙鐵布奇亞諾

皮蒙
（Piedmont）
- Moscato d' Asti
- Barolo
- Barbaresco
- 巴貝拉
- 多切托（Dolcetto）
- 內比歐露

托斯卡尼（Tuscany）
- 山吉歐維樹
- 奇揚替
- 超級托斯卡尼
  維門替諾
- 聖酒

阿布魯佐（Abruzzo）
- 蒙鐵布奇亞諾
  特比亞諾

莫里塞（Molise）
- 蒙鐵布奇亞諾

普利亞（Puglia）
- Primitivo
- 內格羅阿瑪羅
- 山吉歐維樹
- 黑特洛亞（Uva di Troia）

巴里

翁布里亞（Umbria）
- 山吉歐維樹
- 薩葛倫提諾
  （Sagrantino）
  Orvieto
- 聖酒

羅馬

拉齊奧（Lazio）
- 馬爾瓦西（Malvasia）
- 山吉歐維樹
- 切薩內塞（Cesanese）

那不勒斯

坎帕尼亞（Campania）
- 阿里亞尼科
  非亞諾（Fiano）
  法連吉娜（Falanghina）

巴西里卡達
（Basilicata）
- 阿里亞尼科

卡拉布里亞
（Calabria）
葛雷科（Greco）
- 佳里歐波
  （Gaglioppo）

卡利亞里

薩丁尼亞（Sardegna）
維門替諾
- Cannonau（格那希）
- 卡利濃

西西里
（Sicily）
卡塔拉托（Catarratto）
- 內羅達沃拉
- 瑪薩拉

巴勒摩

N

200公里    200英里

# 義大利托斯卡尼

托斯卡尼專攻義大利種植最廣泛的品種，也就是山吉歐維榭的產區。
當地酒款年輕時帶有辛香料和草本風味，隨著年歲漸長則較偏向無花果風味。

## 托斯卡尼葡萄品種

**148,000**
英畝

60,000
公頃

◀ 山吉歐維榭
◀ 梅洛、卡本內蘇維濃、卡本內弗朗與希哈
◀ 黑卡內歐羅
◀ 維門替諾
◀ 馬爾瓦西（用於釀造聖酒）
◀ 夏多內
◀ 其他品種

## 奇揚替的陳年

🍷 2.5年：Gran Selezione
僅限Chianti Classico

🍷 2年：Riserva
適用於產自8個副產區的所有Riserva酒

🍷 1年：Classico、Fiorentini、Rufina
另有其他副產區標示為Superiore

🍷 9個月：Chianti Montespertoli

🍷 6個月：Chianti
Chianti、Ch. Colli Arentini、Ch. Colline Pisane、Ch. Colli Senesi與Ch. Montal-bano

🍾 好年份：
2010、2009、2006、2004、2001、2000、1999、1997

## 托斯卡尼主要干型葡萄酒種

### 🍷 奇揚替

以山吉歐維榭為主的混調酒。經陳年後的有糖漬櫻桃、牛至、花盆、巴薩米克甜醋、義式濃縮咖啡及甜菸草風味。高品質的奇揚替有辛香料與草本風味，以及野味、紅色水果與番茄氣息。

### 🍷 超級托斯卡尼混調

對採用非原生品種（如梅洛和卡本內弗朗）混調酒種的口語慣用名稱。與其他托斯卡尼酒種不同，這類酒款通常各有獨特名稱，易於辨識。

### 🍷 Brunello di Montalcino

以 100% 當地名為 Prugnolo Gentile 的山吉歐維榭無性繁殖系釀成。均經過 4 年以上的陳年培養。有甘草、雪松木、香草、無花果與甜味紅色水果等風味，並有活潑的酸度與適中的單寧支撐。

### 🍷 Vernaccia di San Gimignano

標有 Fiore 字樣的 Vernaccia 酒為干型白酒，帶有礦物以及檸檬、蘋果花與西洋梨風味。Tradizionale酒近似 Fiore 酒款，但通常餘韻會多一絲苦杏仁味。

### 🍷 其他托斯卡尼山吉歐維榭

奇揚替和 Brunello 確實是托斯卡尼名氣最大的山吉歐維榭酒款，但還有其他法定產區也出產水準極佳的山吉歐維榭：

🍾 Carmignano
含有10～20%的卡本內弗朗／卡本內蘇維濃。

🍾 Montecucco
經陳年培養18個月，Riserva等級為34個月。

🍾 Vino nobile di Montepulciano
經陳年培養24個月，Riserva等級為34個月。

🍾 Morellino di Scansano
經陳年培養8個月，Riserva等級為24個月。

馬薩－卡拉拉
（Massa-Carrara）
▽ 維門替諾
▼ 梅洛

Colli di Luni

艾米里亞－羅馬涅

Candia dei
Colli Apuani

盧加（Lucca）
♥ 山吉歐維榭
▽ 維門替諾

Colline Lucchesi
■ 盧加

Montecarlo

Chianti
Montalbano

Carmignano

Chianti
Ruffina
Pomino

奇揚替（Chianti）
♥ 山吉歐維榭
▽ 特比亞諾
♥ 梅洛
■ 聖酒

■ 比薩

■ 利佛諾

Chianti
Colline
Pisane

利佛諾
（Livorno）
♥ 卡本內蘇維濃
♥ 山吉歐維榭
♥ 梅洛
♥ 卡本內弗朗

Terratico di Bibbona

Bolgheri

Suvereto

Val di Cornia

佛羅倫斯

Chianti Colli
Fiorentini

Chianti
Montespertoli

San Gimignano
Vernaccia

Chianti Colli
Senesi

Chianti
Classico

Chianti
Colli Arentini

■ 阿雷索

錫耶納

Chianti Colli
Senesi

Cortona

Montepulciano

翁布里亞

Montescudaio

Monteregio di
Massa Marittima

Montalcino

Montecucco

Elba

格洛瑟托
（Grosseto）
♥ 山吉歐維榭
♥ 卡本內蘇維濃
♥ 梅洛
維門替諾
夏多內

Morellino di
Scansano

Sovana

Parrina

Capalbio

拉齊奧

Ansonica Costa
dell'Argentario

30公里　30英里

N

# 紐西蘭 New Zealand

紐西蘭是冷涼產區，以風味濃郁的白蘇維濃最為知名。一般而言，所產的葡萄酒酸度高、酒體輕盈且優雅。

**220,000**
英畝

**88,300**
公頃

## 產區（依大小排序）

◁ 馬爾堡
◁ 霍克斯灣
◁ 中奧塔哥
◁ 吉斯本
◁ 坎特伯里／威帕拉谷
◁ 尼爾遜
◁ 懷拉拉帕

◁ 奧克蘭
◁ 威卡托／普倫提灣區
◁ 北島

## 紐西蘭主要葡萄酒種

### 白蘇維濃

紐西蘭最重要的酒種，充滿豐富的醋栗、百香果、萊姆、番茄果柄與葡萄柚風味。

└─ ● 馬爾堡
└─ ● 尼爾遜
└─ ● 霍克斯灣

### 黑皮諾

馬爾堡的酒風傾向具酸味的紅色水果，中奧塔哥則出產帶有完熟覆盆子風味的酒款。

└─ ● 中奧塔哥
└─ ● 懷拉拉帕
└─ ● 馬爾堡

### 夏多內

濃郁的檸檬與熱帶水果風味加上爽脆的酸度，通常微帶桶味，為酒款增添焦糖和香草風味。

└─ ● 霍克斯灣
└─ ● 吉斯本
└─ ● 馬爾堡

### 灰皮諾

有干型和微甜兩種風格，富有蘋果、西洋梨、金銀花與香料麵包風味。

└─ ● 吉斯本
└─ ● 坎特伯里／威帕拉谷
└─ ● 尼爾遜

### 麗絲玲

從萊姆風味的極不甜，到富有杏桃與蜂蜜的甜酒都有出產。

└─ ● 馬爾堡
└─ ● 中奧塔哥
└─ ● 尼爾遜

### 波爾多混調

清爽富果香的風格，有完熟黑櫻桃、烘焙香料與咖啡等多汁豐美的香氣。

└─ ● 霍克斯灣
└─ ● 北島
└─ ● 奧克蘭

北島（Northland）
夏多內
波爾多混調

奧克蘭
（Auckland）
波爾多混調
夏多內

Matakana
錫耶納

West Auckland

Waiheke Island

威卡托／普倫提灣區
（Waikato/Bay of Plenty）
夏多內
波爾多混調

Ormond
Patutahi
Manutuke

吉斯本
（Gisborne）
夏多內
灰皮諾

Coastal Areas
Hillsides
Alluvial Plains

霍克斯灣
（Hawke's Bay）
夏多內
白蘇維濃
黑皮諾
麗絲玲

Masterton

尼爾遜（Nelson）
白蘇維濃
灰皮諾
麗絲玲

Moutere Hills

Waimea Plains

Wairu Valley
Southern Valleys
Awatere Valley

威靈頓

Gladstone
Martinborough

懷拉拉帕（Wairarapa）
黑皮諾
灰皮諾

馬爾堡（Marlborough）
白蘇維濃
夏多內
黑皮諾
灰皮諾

Waipara Valley

Canterbury Plains

基督城

坎特伯里／威帕拉谷
（Canterbury/Waipara Valley）
黑皮諾
麗絲玲
灰皮諾

Wanaka
Gibbston
Bendigo

Waitaki Valley

皇后鎮

Cromwell
Alexandra
Bannockburn

中奧塔哥（Central Otago）
黑皮諾
麗絲玲

N

200公里    200英里

# 葡萄牙 Portugal

葡萄牙以波特酒著名，但也以 200 多種原生品種，釀產非常出色的干型葡萄酒。

**554,000**
英畝

224,000
公頃

## 產區（依大小排序）

◀ 斗羅河谷
◀ 米紐
◀ 貝拉
◀ 里斯本
◀ 阿連特如
◀ 唐
◀ 特如

◀ 塞圖巴爾
◀ 貝拉亞特蘭提科
◀ 西斯特
◀ 阿加夫
◀ 特蘭斯蒙塔
◀ 馬德拉

## 葡萄牙主要葡萄酒種

### ♣ 杜麗佳

可能是葡萄牙最重要的品
種，用來釀造波特酒與干型
混調紅酒。酒款有黑李、黑
莓、薄荷與紫羅蘭風味。

├ 斗羅
└ 唐

### ♣ 田帕尼優

田帕尼優在葡萄牙南部稱為
Aragonez，北部則稱為Tinta
Roriz。酒款有煙燻紅色水
果、肉桂與苦甜巧克力風味。

└ 全葡萄牙

### ♣ 阿里岡特布榭
（Alicante Bouschet）

罕見的葡萄品種，果皮與果肉
皆為紅色。擁有鮮明的黑色水
果與黑胡椒風味，並帶點甜菸
草餘韻。

├ 阿連特如
└ 里斯本

### ♣ 特林加岱拉（Trincadeira）

擁有獨特的森林氣息，富紅色
水果、烤肉煙燻、山胡桃、李
子醬、葡萄乾、煤油與巧克力
風味。

├ 阿連特如
└ 里斯本

### ♦ 阿瑞圖（Arinto）

年輕時清瘦，帶有柑橘木髓風
味。陳年後逐漸發展出檸檬、
杏仁與蜂巢風味。有時也會採
用木桶培養。

└ 全葡萄牙

### ♦ 費爾南皮耶斯（Fernão Pires）

芳香型葡萄酒，擁有馥郁的花
香。有時會加入維歐尼耶混
調，以增添桃子和金銀花等更
濃郁的風味。

├ 里斯本
└ 特如

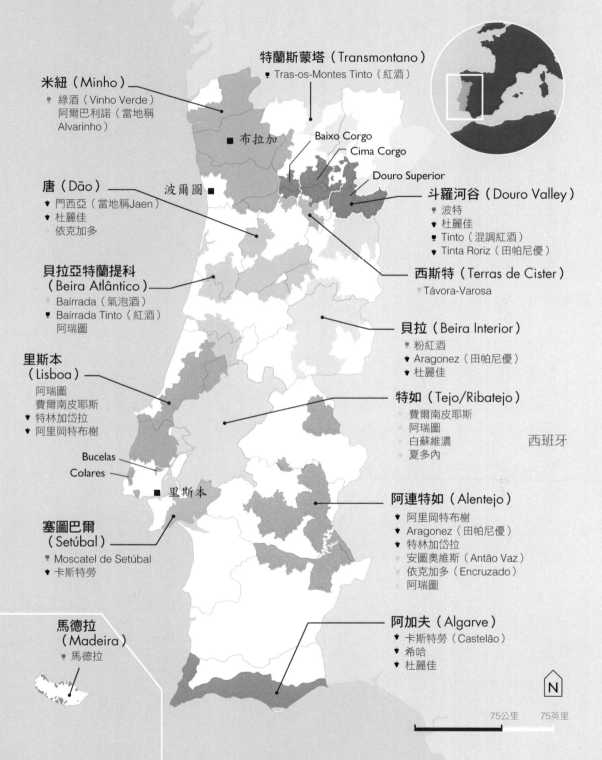

特蘭斯蒙塔（Transmontano）
🍷 Tras-os-Montes Tinto（紅酒）

米紐（Minho）
🍷 綠酒（Vinho Verde）
阿爾巴利諾（當地稱
Alvarinho）

■ 布拉加

Baixo Corgo
Cima Corgo

Douro Superior

斗羅河谷（Douro Valley）
🍷 波特
🍷 杜麗佳
🍷 Tinto（混調紅酒）
🍷 Tinta Roriz（田帕尼優）

唐（Dão）
🍷 門西亞（當地稱Jaen）
🍷 杜麗佳
依克加多

波爾圖 ■

西斯特（Terras de Cister）
Távora-Varosa

貝拉亞特蘭提科
（Beira Atlântico）
Baírrada（氣泡酒）
🍷 Baírrada Tinto（紅酒）
阿瑞圖

貝拉（Beira Interior）
🍷 粉紅酒
🍷 Aragonez（田帕尼優）
🍷 杜麗佳

里斯本
（Lisboa）
阿瑞圖
費爾南皮耶斯
🍷 特林加岱拉
🍷 阿里岡特布樹

特如（Tejo/Ribatejo）
費爾南皮耶斯
阿瑞圖
白蘇維濃
夏多內

西班牙

Bucelas
Colares

■ 里斯本

阿連特如（Alentejo）
🍷 阿里岡特布樹
🍷 Aragonez（田帕尼優）
🍷 特林加岱拉
安圖奧維斯（Antão Vaz）
依克加多（Encruzado）
阿瑞圖

塞圖巴爾
（Setúbal）
🍷 Moscatel de Setúbal
🍷 卡斯特勞

馬德拉
（Madeira）
🍷 馬德拉

阿加夫（Algarve）
🍷 卡斯特勞（Castelão）
🍷 希哈
🍷 杜麗佳

N

75公里　　75英里

# 南非 South Africa

南非是炎熱產區，以酒體飽滿的鮮味紅酒與濃郁的果香白酒聞名。許多南非生產的葡萄用於釀造白蘭地。

**250,000**
英畝

102,000
公頃

## 產區（依大小排序）

◀ 斯泰倫博斯／法國角
◀ 帕爾
◀ 斯瓦特蘭／馬梅斯伯里
◀ 羅伯遜
◁ 伯瑞德克魯夫
◁ 奧利凡茲河谷

◁ 伍斯特
◁ 橘河谷
◁ 克萊卡魯
◁ 其他產區

# 南非主要葡萄酒種

### 🍇 白梢楠

該國極重要的品種，共有6種主要風格：清新果香、濃郁而未過桶、濃郁且經木桶培養、濃郁而甘甜、極甜以及名為Cap Classique的氣泡酒。

└● 帕爾
├● 斯瓦特蘭
└● 斯泰倫博斯

### 🍇 卡本內蘇維濃

濃郁帶草本風味，有黑胡椒、黑醋栗香氣，以及土壤系的花崗岩和黏土氣息。

└● 斯泰倫博斯
└● 帕爾

### 🍇 皮諾塔吉

優質生產者之酒款帶黑莓、覆盆子與李子醬香氣，並帶有煙燻甜菸草餘韻。

└● 帕爾
├● 斯泰倫博斯
└● 斯瓦特蘭

### 🍇 希哈

風格較濃郁的希哈，富有辛香料風味如黑胡椒、甘草以及覆盆子與李子醬。

└● 斯泰倫博斯
├● 帕爾
└● 斯瓦特蘭

### 🍇 夏多內

南方較涼爽的地帶特別適合夏多內生長。酒款帶有烤蘋果、檸檬皮與由木桶培養而來的香草風味。

└● 沃克灣
└● 艾爾金（沃克灣西北方）

### 🍇 榭密雍

酒風豐潤而酒體飽滿，有梅爾檸檬、黃蘋果、唇膏及奶油榛果風味。

└● 法國角
└● 斯泰倫博斯

橘河谷（Orange River Valley）
（位於本地圖外）
🍷 白蘭地品種

橘河谷（Olifants River Valley）
🍷 白蘭地品種
🍷 希哈

斯瓦特蘭／馬梅斯伯里
（Swartland/Malmesbury）
🍷 卡本內蘇維濃
🍷 希哈
🍷 皮諾塔吉

伯瑞德克魯夫
（Breedekloof）
🍷 白蘭地品種
🍷 白梢楠
🍷 夏多內

伍斯特（Worcester）
🍷 白蘭地品種
🍷 白蘇維濃

帕爾（Paarl）
🍷 白梢楠
🍷 卡本內蘇維濃
🍷 希哈
🍷 皮諾塔吉

Wellington

開普敦 ■

Constantia

斯泰倫博斯
（Stellenbosch）
🍷 卡本內蘇維濃
🍷 希哈
🍷 波爾多混調
🍷 皮諾塔吉

Franshhoek

Walker Bay

Elgin

Cape Agulhas

羅伯遜（Robertson）
🍷 白梢楠
🍷 白蘭地品種
夏多內

■ 喬治城

克萊卡魯（Klein Karoo）
🍷 白蘭地品種

沃克灣／開普阿古哈斯
（Walker Bay/Cape Agulhas）
🍷 黑皮諾
夏多內
🍷 希哈

N

100公里　　100英里

# 西班牙 Spain

西班牙以出產酒體飽滿、富果香且帶有細微黏土系土壤氣息的葡萄酒聞名。
該國共有 3 大主要氣候類型。

2,500,000
英畝

1,000,000
公頃

## 產區（依大小排序）

◀ 卡斯提亞—拉曼恰
◀ 瓦倫西亞
◀ 艾斯垂馬杜拉
◀ 里奧哈與那瓦拉
◀ 卡斯提亞－萊昂
◀ 加泰隆尼亞
◀ 亞拉崗

◀ 安達魯西亞
◀ 加利西亞
◀ 巴斯克
◀ 島嶼區

## 綠色西班牙
## （Green Spain）

☁ 冷涼氣候

西班牙西北部出產的葡萄酒擁
有高酸度，並富有酸味水果與
礦物風味。

該區特色酒種：

　▾ 阿爾巴利諾
　♥ 門西亞

## 西班牙北部

⛅ 溫暖氣候

西班牙北部出產的酒款酸度中
等，擁有完熟果香與礦物風
味。

該區特色酒種：

　▾ Cava
　▾ 維岱荷
　♥ 格那希
　♥ 卡利濃
　♥ 普里奧拉（隆河混調）
　♥ 里奧哈（田帕尼優）
　♥ 斗羅河岸（Ribera del
　　Duero，品種為田帕尼優）

## 西班牙南部

☀ 炎熱氣候

西班牙南部出產的酒款酸度中
等，富有甜味水果與樸實的黏
土風味。

該區特色酒種：

　♥ 格那希
　♥ 慕維得爾（Monastrell）
　♥ 雪莉

**加利西亞**
（Galicia）
阿爾巴利諾
▼ 門西亞

**卡斯提亞－萊昂**
（Castilla y León）
維岱荷（Rueda）
▼ 田帕尼優
▼ 門西亞

**巴斯克**（País Vasco）
宏達拉比蘇里
（Hondarrabi Zuri）
▼ 宏達拉比貝爾薩
（Hondarrabi Beltza）

**里奧哈與那瓦拉**
（Rioja & Navarra）
▼ 格那希
♣ 里奧哈（Rioja）

法國

**亞拉崗**（Aragon）
▼ 格那希
▼ 田帕尼優

Rias
Baixas

Ribeira Sacra

Bierzo

■ 畢爾包

Tierra de León

Arlanza

阿羅 ■

Navarra

Somontano

Penedès

巴塞隆納 ■

Ribeiro

Valdeorras

Monterrei

瓦拉朵麗 ■

Rueda

Toro

Cigales

Ribera del Duero

La Rioja

Campo de Borja

■ 薩拉戈薩

Penedès

Tarragona

Calatayud

Cariñena

Montsant

Priorat

Penedès

**加泰隆尼亞**
（Catalonia）
● Cava
▼ 格那希

葡萄牙

Vinos Madrid

馬德里 ■

Mondéjar

Uclés

Ribera del
Júcar

Utiel-
Requena

**艾斯垂馬杜拉**
（Extremadura）
▼ 田帕尼優
▼ 卡本內蘇維濃
▼ 希哈

Méntrida

瓦倫西亞 ■

Manchuela

Mallorca

Ribera del
Guadiana

La Mancha

Almansa

Yecla

Jumilla

阿利坎特

**瓦倫西亞**（Valencia）
▼ 慕維得爾
阿依倫（Airén）
▼ 博巴爾（Bobal）

Valdepeñas

Montilla-Moriles

Bullas

**卡斯提亞－拉曼恰**
（Castilla-la Mancha）
阿依倫
▼ 博巴爾
▼ 慕維得爾
▼ 田帕尼優

■ 塞維亞

Manzanilla

Jerez

■ 加的斯

■ 馬拉加

**安達魯西亞**
（Andalucía）
♣ 雪莉

**加納利群島**（Canary Islands）
帕羅米諾非諾（Palomino Fino）
▼ 麗絲丹內格羅（Listan Negro）

摩洛哥

N

150公里　　150英里

# 美國 United States

美國以出產濃郁且充滿果香的紅、白酒聞名。絕大多數的美國葡萄酒都由 3 大地區包辦。

564,000
英畝

228,000
公頃

## 產區（依大小排序）

◄ 加州
◄ 西北部
◄ 東北部
◄ 中西部
◄ 東南部
◄ 西南部

## 何謂AVA？

美國釀酒葡萄法定產區（American Viticultural Areas, AVA），是依照產區特色而建立的劃分制度，依照此系統可得知一支酒款專屬產地的品質、風味或其他特質。全美共有 200 個 AVA。

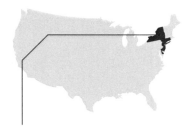

## 加州

溫暖／炎熱氣候

加州葡萄酒擁有豐富的完熟水果風味與中等酸度。沿海地區有足夠的冷涼氣候條件，可生產黑皮諾和夏多內。

　▼ 夏多內
　▼ 卡本內蘇維濃
　▼ 梅洛
　▼ 黑皮諾
　▼ 金芬黛

## 西北產區

溫暖／冷涼氣候

較加州略微涼爽，出產酸度高及有完熟果香的紅酒。

　▼ 波爾多混調
　▼ 黑皮諾
　▼ 夏多內
　▼ 麗絲玲
　▼ 灰皮諾

## 東北產區

冷涼氣候

冷涼氣候產區，以美國本土特有且耐寒的雜交品種最為出名。紅酒風格從略帶甜味到質樸干型不等。白酒清新多酸。

　▼ 康科特（Concord）
　▼ 尼加拉（Niagara）
　▼ 粉紅酒
　▼ 梅洛
　▼ 麗絲玲

加拿大

西雅圖

西北部
（Northwest）

加州
（California）

舊金山

洛杉磯

西南部
（Southwest）

達拉斯

墨西哥

芝加哥

中西部
（Midwest）

波士頓

紐約市

東北部
（Northeast）

東南部
（Southeast）

邁阿密

N

750公里        750英里

# 美國產區細部圖

Okanagan Valley
Similkameen Valley

**華盛頓州（Washington）**
- 波爾多混調
- 麗絲玲
- 希哈

加拿大

■ 西雅圖

Yakima Valley
Horse Heaven Hills
波特蘭 ■

Columbia Valley
Walla Walla

Willamette Valley

**奧勒岡（Oregon）**
- 黑皮諾
- 灰皮諾
- 夏多內
- 麗絲玲

Umqua Valley

Snake River Valley

Mendocino County
Lake County
Napa Valley
Sonoma County
Sierra Foothills
Lodi

**加州（California）**
- 夏多內
- 卡本內蘇維濃
- 金芬黛
- 黑皮諾
- 希哈

Grand Valley
■ 丹佛
West Elks

舊金山

Madera

Monterey

Paso Robles

Santa Barbara

**西南部
（Southwest）**
- 波爾多混調
- 麗絲玲
- 氣泡酒
- 維歐尼耶

■ 阿布奎基

■ 洛杉磯
Temecula Valley
■ 聖地牙哥

■ 鳳凰城

Middle Rio
Grande Valley

Texoma

Sonoita

Texas High Plains

Escondido Valley

**德州
（Texas）**
- 波爾多混調
- 田帕尼優
- 慕維得爾

Texas Hill Country

墨西哥

**密西根州**
**（Michigan）**
▽ 麗絲玲
▼ 黑皮諾
　灰皮諾

**紐約州（New York）**
♥ 康科特
♥ 粉紅酒
♥ 梅洛
▽ 麗絲玲
♥ 冰酒

Lake Michigan Shore

Niagara Escarpment

Finger Lakes

Hudson River

Lake Wisconsin

Lake Erie

克里夫蘭

North Fork

The Hamptons

芝加哥

紐約

費城

Outer Coastal Plain

華盛頓特區

Ohio River Valley

Augusta

Middleburg

Shenandoah Valley

Upper Mississippi River Valley

Monticello

**維吉尼亞州（Virginia）**
　夏多內
♥ 波爾多混調
▽ 維歐尼耶

**中西部（Midwest）**
▼ 諾頓（Norton）
♥ 香保欣（Chambourcin）
▽ 維岱爾（Vidal）
　夏多內爾（Chardonel）

Yadkin Valley

夏洛特

Ozark Mountain

亞特蘭大

**東南部（Southeast）**
▽ 斯卡珀農（Scuppernong）

傑克遜維爾

N

300公里　300英里

邁阿密

# 美國加州

廣大而多元，以濃郁、果香鮮明的紅酒聞名的產區。
加州酒多產自於3大區域，每個產區各自適合不同風格的酒種。

**491,000**
英畝

199,000
公頃

## 產區（依大小排序）

◀ 內陸谷地
◀ 北部海岸
◀ 中部海岸
◀ 謝拉山麓
◀ 其他地區

## 加州主要產區

### ● 北部海岸

北部海岸包含那帕與索諾瑪，可分為兩種氣候型態：較冷涼的海岸區，以及更溫暖的內陸谷地和山麓。

☀ 溫暖氣候
那帕、索諾瑪及雷克郡的內陸地區

♥ 卡本內
♥ 金芬黛
♥ 希哈

☁ 較冷涼的氣候
那帕、索諾瑪及門多西諾郡的海岸地區

♥ 黑皮諾
▽ 夏多內
♥ 梅洛

### ● 中部海岸

中部海岸可分為兩種不同的氣候帶：有晨霧調節的沿岸谷地，以及炎熱乾燥的內陸區域。

☀ 炎熱氣候
內陸區域如聖塔巴巴拉和帕索羅伯斯

♥ 卡本內蘇維濃
♥ 希哈
♥ 金芬黛

☁ 較冷涼的氣候
聖路易斯－歐比斯波與聖塔巴巴拉的沿岸地區

♥ 黑皮諾
▽ 夏多內
♥ 希哈

### ● 內陸谷地

內陸谷地氣候炎熱而乾燥，以量產的商業葡萄酒為人熟知。Madera 與 Lodi 兩個 AVA 出產的葡萄酒占本區的75％。此區擁有許多樹齡非常老的金芬黛、小希哈，另外也有葡萄牙品種，如杜麗佳和亞歷山大蜜思嘉等，潛力無窮。

♥ 金芬黛
♥ 小希哈
▽ 亞歷山大蜜思嘉
♥ 白蘭地品種

Willow Creek

Seiad Valley

Trinity Lakes

北部海岸（North Coast）
- 卡本內蘇維濃
- 夏多內
- 黑皮諾
- 氣泡酒

謝拉山麓（Sierra Foothills）
- 金芬黛
- 巴貝拉
- 希哈
- 小希哈

Mendocino County
Clear Lake
Sonoma County
Napa Valley

North Yuba

Eldorado
Fair Play
Shenandoah Valley
Fiddletown

Dunnigan Hills
Capay Valley
Lodi
Clarksburg
Madera

舊金山

聖荷西

Livermore Valley

Santa Cruz Mtns

Cienega Valley
Mount Harlan
Lime Kiln Valley
Carmel Valley
Santa Lucia Highlands
Arroyo Seco
San Bernabe

San Antonio Valley
Hames Valley
Edna Valley
Arroyo Grande Valley
Santa Maria Valley
Sta. Rita Hills
Ballard Canyon
Santa Ynez Valley
Happy Canyon

San Benito
Paicines
Chalone

Monterey

San Lucas

Paso Robles

San Luis Obispo

Santa Barbara

內陸谷地（Inland Valleys）
- 金芬黛
- 小希哈
- 白蘭地品種
- 亞歷山大蜜思嘉

中部海岸（Central Coast）
- 夏多內
- 黑皮諾
- 希哈
- 金芬黛
- 卡本內蘇維濃
- 隆河丘混調

豐瓦金河

內華達州

南部海岸（South Coast）
- 金芬黛

Leona Valley
Sierra Pelona Valley
Cucamonga Valley

洛杉磯

Malibu Coast
Malibu Newton Valley

Temecula Valley

San Pasqual
Ramona Valley

聖地牙哥

N

150公里    150英里

# 美國西北部

西北部產區出產果香鮮明、酸度溫和的酒種。
本區可依照兩種不同的氣候劃分。

## 華盛頓州

温暖氣候

44,000
英畝

17,700
公頃

◀ 卡本內蘇維濃
◀ 梅洛
◁ 夏多內
◁ 麗絲玲
◀ 希哈
◁ 其他品種

## 奧勒岡州

冷涼氣候

25,000
英畝

10,300
公頃

◁ 黑皮諾
◁ 灰皮諾
◁ 夏多內
◀ 希哈
◀ 麗絲玲
◁ 其他品種

## 華盛頓州主要酒種

### 🍷 波爾多混調

產自乾燥且陽光充足的哥倫比亞谷地的波爾多混調酒款，通常帶有覆盆子、黑莓、牛奶巧克力與薄荷風味。一般酸度較高，酒體也因而顯得較輕盈。優質酒款可陳放 10 年以上。

### 🍇 麗絲玲

華盛頓的麗絲玲從干型到甜酒都有，擁有爽脆解渴的酸度，以及黃桃、蜂蜜與萊姆汁風味。

### 🍷 希哈

頂尖華盛頓的希哈擁有濃郁的黑莓風味，並帶有橄欖、黑胡椒、香草、豆蔻與培根等香氣。本區也生產以格那希和慕維得爾釀成的隆河混調紅酒。

## 奧勒岡州主要酒種

### 🍇 黑皮諾

最優秀的奧勒岡黑皮諾擁有豐富的辛香料風味，以及蔓越莓、櫻桃、香草和多香果香氣，還有些許細微的龍蒿香。在次產區 Willamette Valley 可找到頂尖酒款。

### 🍇 灰皮諾

奧勒岡的灰皮諾擁有細緻的西洋梨、白油桃與牡丹香氣。典型酒風為干型，清新多酸。

### 🍷 夏多內

Willamette Valley 產區較冷涼氣候產出的夏多內擁有黃蘋果、檸檬與鳳梨風味，並且酸度頗高，帶有木桶培養而來的奶油風味。未過桶夏多內則有蜜香瓜、西洋梨與蘋果風味。

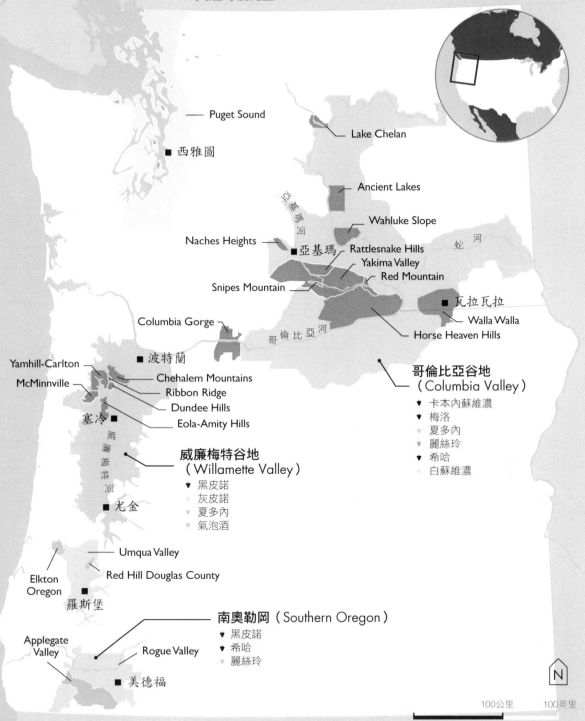

英屬哥倫比亞

Puget Sound

Lake Chelan

■ 西雅圖

Ancient Lakes

Wahluke Slope

Naches Heights

Rattlesnake Hills

■ 亞基瑪

Yakima Valley

Red Mountain

Snipes Mountain

瓦拉瓦拉 ■

Walla Walla

Horse Heaven Hills

Columbia Gorge

哥倫比亞河

■ 波特蘭

**哥倫比亞谷地**
**（Columbia Valley）**

Yamhill-Carlton

Chehalem Mountains

♥ 卡本內蘇維濃

McMinnville

Ribbon Ridge

♥ 梅洛

Dundee Hills

▽ 夏多內

塞冷 ■

Eola-Amity Hills

▽ 麗絲玲

♥ 希哈

**威廉梅特谷地**
**（Willamette Valley）**

▽ 白蘇維濃

♥ 黑皮諾

▽ 灰皮諾

▽ 夏多內

■ 尤金

▽ 氣泡酒

Umqua Valley

Red Hill Douglas County

Elkton
Oregon

羅斯堡 ■

**南奧勒岡**（Southern Oregon）

Applegate
Valley

Rogue Valley

♥ 黑皮諾

♥ 希哈

■ 美德福

▽ 麗絲玲

N

100公里    100英里

加州

# 名詞解釋

## ♀ ABV 酒精濃度

alcohol by volume 的縮寫,在酒標以百分比標示,如 13.5% ABV。

## ♨ Acetaldehyde 乙醛

人體為了代謝乙醇而產生的毒性有機化合物,也是酒精之所以有毒的原因。

## ⊕ Acidification 加酸

以添加酒石酸或檸檬酸的方式提高酸度的釀造工序,於溫暖與炎熱產區相當普遍。加酸工序於歐盟國家較不普及,在美國、澳洲和阿根廷等國應用較為廣泛。

## ♨ Amino Acids 胺基酸

組成蛋白質的有機化合物。紅酒每公升含有 300～1,300 毫克,其中脯胺酸(proline)含量高達 85%。

## ⊕ Appellation 法定產區

經法令規範的特定地理區域,可供識別釀造該酒款的葡萄產地。

## ♨ Aroma Compounds 香氣化合物

分子重量非常小的化合物,因此可隨空氣進入上鼻道。香氣化合物是葡萄本身和發酵的衍生物,會隨著酒精揮散出來。

## ♀ Astringent 澀味／乾澀

因單寧與唾液蛋白結合,迫使它與舌頭／口腔分離時造成典型的乾澀口感。在口中形成一種類似粗糙砂紙的感覺。

## ⊕ Brix 糖度(單位為°Bx)

溶解於葡萄汁的蔗糖相對濃度,用來測定葡萄酒的潛在酒精濃度(potential alcohol level)。ABV 約為 Brix 糖度的 55～64%。例如,27°Bx 的葡萄汁,釀造後應是酒精濃度在 14.9～17.3% 的不甜葡萄酒。

## ⊕ Carbonic Maceration 二氧化碳浸皮法

將未破皮的果實置於密閉的酒槽中,並在其上注滿二氧化碳的釀造法。在此無氧環境下釀出的葡萄酒,單寧低、色澤淺,帶有豐富果香和鮮明的酵母香氣。此種作法在入門款薄酒來很常見。

## ⊕ Chaptalization 加糖

在氣候冷涼地區常見的釀造工序,當葡萄本身的甜度不足以達到最低酒精濃度時,會透過加糖的方式調整。加糖在美國明令禁止,在法國某些地區很普遍。

## ⊕ Clarification/Fining 澄清

發酵完成後,將蛋白質與酵母細胞去除的工序。澄清酒液時可加入如酪蛋白(萃取自牛奶)的蛋白質、蛋白,或以黏土為基底製成的非動物性澄清劑,如皂土(bentonite)或高嶺土(kaolin clay)。這些澄清劑會吸附酒液裡的細小顆粒,將它們分離並沉澱,使成酒變得清澈。

## ♀ Cru 葡萄園

法語,意為葡萄園。專指公認能產出一定品質水準葡萄酒的園區。

## ♨ Diacetyl 雙乙醯

葡萄酒中嘗起來像牛油的有機化合物。雙乙醯源自於木桶陳年和乳酸發酵。

## ♨ Esters 酯

酯為葡萄酒的香氣化合物之一,由酒精和酒中的酸相互作用而來。

## ♀ Fortified Wine 加烈酒

透過添加烈酒的方式防止變質的葡萄酒，此種烈酒一般是風味中性的白蘭地。例如，約30％波特酒（Port）就是酒精濃度高至20％的烈酒。

## ⚗ Glycerol 甘油

一種無色、無臭、黏稠且帶甜味的液體，是發酵的副產品。紅酒所含的甘油約在每公升4～10公克左右，而貴腐酒每公升則可高達20克以上。一般認為甘油可為葡萄酒帶來正面、豐富、油脂似的潤滑口感，不過研究顯示如酒精濃度與殘糖等其他特性其實對口感的影響更大。

## ♈ Grape: Clone 無性繁殖系葡萄

釀酒葡萄會因具備與其他農產品類似的經濟特性，而進行無性繁殖。例如皮諾家族登記在案的培育品種便有一千多種。

## ♈ Grape Must 釀酒用葡萄汁

新鮮壓榨的葡萄果汁，其中還包含葡萄果實的籽、梗及果皮。

## 🍶 Lees Aging 泡渣培養

發酵後，死去的酵母細胞會沉澱，成為酒渣（譯注：與酒渣一起浸泡，可為葡萄酒增加風味）。

## 🍶 Malolactic Fermentation （MLF）乳酸發酵

技術上來說並非發酵，而是一種酸（蘋果酸）由細菌轉化為另一種酸（乳酸）的過程。幾乎所有紅酒都會進行乳酸發酵，白酒則僅有一部分（如夏多內）。雙乙醯等聞或嘗來如同牛油的化合物也是如此產生。

## ♀ Minerality 礦石風味

一般認為礦石風味並非源自葡萄酒所含的礦物質，而可能是來自於有時嘗起來如白堊、燧石或砂礫的硫化合物。

## ♀ Noble Rot 貴腐菌

一種灰黴菌（*Botrytis cinerea*）感染，在有些氣候相當潮濕的地區很常見。若在紅葡萄和紅酒出現通常是一種瑕疵，但在白酒則會因為賦予蜂蜜、薑、橘子果醬與甘菊等風味而更受青睞，也會讓酒變得比較甜。

## 🍶 Oak: American 美國橡木桶

美國白橡木（*Quercus alba*，白櫟木）生長於美國東部，起初是用於波本威士忌的陳化。美國橡木以能增添椰子、香草、雪松木和蒔蘿等風味聞名。由於美國橡木紋理較粗，也以能賦予酒更醇厚的風味著稱。

## 🍶 Oak: European 歐洲橡木桶

歐洲橡木（*Quercus robur*，夏櫟）源自於法國和匈牙利。紋理依生長地有中等到非常細緻的分別。歐洲橡木以能賦予香草、豆蔻、多香果（甜胡椒五香粉）與雪松木等風味為人熟知。

## ♀ Off-Dry 微甜

指葡萄酒略帶甜味。

## ♀ Oxidation 氧化

當酒暴露在過多的氧氣環境，會產生一連串化學反應，改變酒中化合物。其中人能夠感知且最明顯的變化之一，就是乙醛含量的提高，在白酒中聞起來如碰傷氧化的蘋果，而紅酒則類似人工合成的覆盆子香精與去光水。氧化的反義詞是還原。

名詞解釋

## 🜹 pH 值

一種以 1～14 表示物質酸鹼濃度的數值，酸為 1，鹼為 14，中性為 7。葡萄酒的 pH 值平均落在 2.5～4.5，一支 pH 值為 3 的葡萄酒，比 pH 4的酸上10 倍。

## 🜹 Phenols 酚

葡萄酒中數百種化合物所組成的群體，主宰酒的風味、顏色和口感。單寧便是一種名為多酚（polyphenol）的酚類。

## ♀ Reduction 還原

當葡萄酒在發酵期間未接觸到足夠的空氣，酵母便會以葡萄中的氨基酸取代對氮的需求。此過程產生的硫化物，聞起來像臭掉的雞蛋、大蒜、點燃火柴與腐爛的甘藍等，有時則會出現其他較不令人反感的味道，如百香果或潮濕的燧石等。還原作用並非因為酒中添加了亞硫酸鹽而造成。

## ♀ Residual Sugar（RS）殘糖

源自於葡萄本身且在發酵停止後殘留在酒中的天然糖分。有些酒因為糖分完全發酵，而變成完全不甜，有些則會因為釀造者選擇在糖分完全轉化為酒精之前終止發酵，而被釀製為甜酒。酒中殘糖的範圍從每公升 0～220 公克都有，後者會讓酒變得黏稠，喝起來如同糖漿。

## 🜹 Sulfites 亞硫酸鹽

亞硫酸鹽或 $SO_2$ 是一種防腐劑，可能是人為添加於酒中，或在發酵前便存在於葡萄之上。葡萄酒中的含量從約10～350ppm（parts per million，百萬分率）不等，後者為美國法定最高極限。順帶一提，培根的含量將近葡萄酒的兩倍，而薯條則含有約 2,000 ppm。

## 🜹 Sulfur Compounds 硫化物

硫化物能影響酒的香氣和風味，量少時可帶來如礦物或熱帶水果等較正面的香氣，量多時則會出現像臭蛋、大蒜或腐爛甘藍等氣味。

## ♀ Terroir 風土

源自法語，發音為Tear-woh，用來描述特定區域的氣候、土壤、面向（地塊狀態）和傳統釀造工序等，如何影響葡萄酒風味。

## ♀ Typicity 典型

指某種葡萄酒是某個特定區域或風格的典型。

## 🜹 Vanillin 香草醛

香草豆的主要萃取物，橡木也存在一模一樣的物質。

## ♀ Vinified 釀造

葡萄汁進行發酵轉化為葡萄酒的過程。

## ♀ Volatile Acidity（VA）揮發酸

醋酸是葡萄酒中令酒化為醋的揮發酸。含量少時能為風味增添複雜度，量太多則會讓酒變質報銷。

# 索引

## 📑 參考資料

Ahn, Y., Ahnert, S. E., Bagrow, J. P., Barabási, A., "Flavor network and the principles of food pairing" *Scientific Reports*. 15 Dec. 2011. 20 Oct. 2014. <http://www.nature.com/srep/2011/111215/srep00196/full/srep00196.html>.

Anderson, Kym. *What Winegrape Varieties are Grown Where? A Global Empirical Picture*. Adelaide: University Press. 2013.

Klepper, Maurits de. "Food Pairing Theory: A European Fad." Gastronomica: *The Journal of Critical Food Studies*. Vol. 11, No. 4 Winter 2011: pp. 55-58.

Lipchock, S V., Mennella, J.A., Spielman, A.I., Reed, D.R. "Human Bitter Perception Correlates with Bitter Receptor Messenger RNA Expression in Taste Cells 1,2,3." *Am. Jour. of Clin. Nutrition*. Oct. 2013: pp. 1136–1143.

Pandell, Alexander J. "How Temperature Affects the Aging of Wine" *The Alchemist's Wine Perspective*. 2011. 1 Nov. 2014. <http://www.wineperspective.com/STORAGE%20 TEMPERATURE%20&%20 AGING.htm>.

"pH Values of Food Products." *Food Eng*. 34(3): pp. 98-99.

"Table 3: World Wine Production by Country: 2009-2012 and % Change 2012/2009" *The Wine Institute*. 2014. 3 March 2015.<http://www.wineinstitute.org/files/2012_Wine_Production_by_Country_cCalifornia_Wine_Institute.pdf>.

## 💗 特別感謝

🔖 Kym Anderson
澳洲阿得雷德大學（University of Adelaide）葡萄酒經濟研究中心主任

🔖 Andrew L. Waterhouse
美國加州大學戴維斯分校（UC, Davis）葡萄酒釀酒學教授

🔖 Luke Wohlers
侍酒師

🔖 Tony Polzer
義大利葡萄酒專家

🔖 Geoff Kruth
侍酒大師

🔖 Beth Hickey
侍酒師

🔖 Rina Bussell
侍酒師

🔖 Sam Keirsey
美國華盛頓釀酒家

🔖 Cristian Ridolfi
義大利釀酒家

🔖 Jeffrey and Sandy
🔖 Margaret and Bob
🔖 Chad Wasser
評論家

🏛 澳洲阿得雷德大學

🏛 美國加州大學戴維斯分校

# 品種譯名對照表（依中文筆劃順序排列）

譯名 原名

| 譯名 | 原名 | 譯名 | 原名 | 譯名 | 原名 | 譯名 | 原名 |
|---|---|---|---|---|---|---|---|
| 大蒙仙 | Gros Manseng | 田帕尼優 | Tempranillo | 亞歷山大蜜思嘉 | Muscat of Alexandria | 高倫巴 | Colombard |
| 小希哈 | Petite Sirah | 白皮諾 | Pinot Blanc | 依克加多 | Encruzado | 梅洛 | Merlot |
| 小維多 | Petit Verdot | 白金芬黛 | White Zinfandel | 奇亞瓦／托林格 | Schiava/Trollinger | 博巴爾 | Bobal |
| 山吉歐維榭 | Sangiovese | 白格那希 | Grenache blanc | 金芬黛 | Zinfandel | 費爾南皮耶斯 | Fernão Pires |
| 丹非特 | Dornfelder | 白梢楠 | Chenin Blanc | 門西亞 | Mencía | 黃蜜思嘉 | Muscat Giallo |
| 內比歐露 | Nebbiolo | 白蜜思嘉 | Muscat Blanc | 阿里亞尼科 | Aglianico | 黑加美 | Gamay Noir |
| 內格羅阿瑪羅 | Negroamaro | 白蘇維濃 | Sauvignon Blanc | 阿里岡特布榭 | Alicante Bouschet | 黑卡內歐羅 | Canaiolo Nero |
| 內格羅摩爾 | Tinta Negramoll | 皮卡波 | Piquepoul/Picapoll | 阿里哥蝶 | Aligoté | 黑皮諾 | Pinot Noir |
| 內羅達沃拉 | Nero d´Avola | 皮諾莫尼耶 | Pinot Meunier | 阿依倫 | Airén | 聖羅蘭 | St. Laurent |
| 切薩內塞 | Cesanese | 皮諾塔吉 | Pinotage | 阿瑞圖 | Arinto | 葛render戈內戈 | Garganega |
| 巴貝拉 | Barbera | 多切托 | Dolcetto | 阿爾巴利諾 | Albariño | 榭密雍 | Sémillon |
| 巴依絲 | País | 多隆帝斯 | Torrontés | 侯爾 | Rolle | 綠維特林納 | Grüner Veltliner |
| 仙梭 | Cinsaut | 安圖奧維斯 | Antão Vaz | 胡姍 | Roussanne | 維岱荷 | Verdejo |
| 加美 | Gamay | 托林格／奇亞瓦 | Trollinger/Schiava | 香保欣 | Chambourcin | 維岱爾 | Vidal |
| 卡本內弗朗 | Cabernet Franc | 灰皮諾 | Pinot Gris | 夏多內 | Chardonnay | 維門替諾 | Vermentino |
| 卡本內蘇維濃 | Cabernet Sauvignon | 米勒土高 | Müller-Thurgau | 夏多內爾 | Chardonel | 維歐尼耶 | Viognier |
| 卡利濃 | Carignan | 伯納達 | Bonarda | 格那希 | Grenache | 蒙鐵布奇亞諾 | Montepulciano |
| 卡門內爾 | Carménère | 伯納達 | Douce Noir | 格來卡尼科 | Grecanico | 蜜思卡岱 | Muscadelle |
| 卡斯特勞 | Castelão | 克雷耶特 | Clairette | 格烏茲塔明那 | Gewürztraminer | 蜜思卡得 | Muscadet |
| 卡奧爾馬爾貝克 | Cahors Malbec | 宏達拉比貝爾薩 | Hondarrabi Beltza | 特比亞諾 | Trebbiano | 慕維得爾 | Mourvèdre |
| 布布蘭克 | Bourboulenc | 宏達拉比蘇里 | Hondarrabi Zuri | 特林加岱拉 | Trincadeira | 歐托內蜜嘉 | Muscat Ottonel |
| 布根地香瓜 | Melon de Bourgogne | 希哈 | Syrah | 茨威格 | Zweigelt | 諾頓 | Norton |
| 弗里烏拉諾 | Friulano | 希爾瓦那 | Silvaner | 馬姍 | Marsanne | 麗絲玲 | Riesling |
| 瓦波利切拉 | Valpolicella | 杜麗佳 | Touriga Nacional | 馬爾貝克 | Malbec | | |

# 風味譯名對照表

譯名 原名

| 譯名 | 原名 | 譯名 | 原名 | 譯名 | 原名 | 譯名 | 原名 | 譯名 | 原名 |
|---|---|---|---|---|---|---|---|---|---|
| 丁香 | Clove | 牛至 | Oregano | 西瓜 | Watermelon | 抹茶 | Matcha | 青芒果 | Green Mango |
| 九層塔 | Thai Basil | 加州黑無花果 | Mission Fig | 西西里綠橄欖 | Castelvetrano Olive | 抹茶粉 | Matcha Powder | 青脆西洋梨 | Crisp Pear |
| 二級香氣 | Secondary | 卡拉瑪塔橄欖 | Kalamata Olive | 西洋梨 | Pear | 拉格啤酒 | Lager | 青草 | Grass |
| 八角 | Star Anise | 可可 | Cocoa | 伯爵茶 | Earl Grey Tea | 松子 | Pine Nut | 青椒 | Green Bell Pepper |
| 三級香氣 | Tertiary Flavors | 可可豆碎粒 | Cocoa Nib | 佛手瓜 | Chayote Squash | 松樹皮 | Pine Bark | 青無花果 | Green Fig |
| 土司 | Toast | 可樂 | Cola | 佛手柑 | Bergamot | 松露 | Truffle | 青鳳梨 | Green Pineapple |
| 土壤／其他 | Earth/Other | 四川花椒 | Szechuan Peppercorn | 含鹽奶油 | Salted Butter | 板岩 | Slate | 青蔥 | Green Onion |
| 大椰棗 | Medjool Date | 四季豆 | Green Bean | 完熟西洋梨 | Ripe Pear | 果乾 | Dried Fruit | 青蘋果 | Green Apple |
| 大黃 | Rhubarb | 奶油 | Butter | 完熟桃子 | Ripe Peach | 果醬 | Jam | 南非博士茶 | Rooibos |
| 小麥草 | Wheat Grass | 奶油太妃糖 | Butterscotch | 完熟草莓 | Ripe Strawberry | 油 | Oil | 哈密瓜 | Cantaloupe |
| 山核桃 | Hickory | 奶油爆米花 | Buttered Popcorn | 完熟甜瓜 | Ripe Melon | 油桃 | Nectarine | 奎寧 | Quinine |
| 山桑子 | Bilberry | 奶油麵包 | Brioche | 完熟黑莓 | Ripe Blackberry | 油脂 | Oily | 柑橘 | Citrus |
| 山葵 | Wasabi | 未成熟的桃子 | Unripe Peach | 李子 | Plum | 法式烤布蕾 | Crème Brûlée | 柑橘油 | Citrus Oil |
| 五香粉 | 5-Spice Powder | 未成熟的梨 | Unripe Pear | 李子醬 | Plum Sauce | 法式酸奶油 | Crème Fraîche | 柑橘花 | Citrus Blossom |
| 五香燻牛肉 | Pastrami | 玉蘭 | Magnolia | 杏仁 | Almond | 波森莓 | Boysenberry | 柑橘表皮 | Citrus Zest |
| 天竺葵 | Geranium | 甘草 | Licorice | 杏仁膏 | Marzipan | 波羅蜜 | Jackfruit | 柚子／文旦 | Pomelo |
| 太妃糖 | Toffee | 白油桃 | White Nectarine | 杏桃 | Apricot | 玫瑰 | Rose | 柳橙 | Orange |
| 尤加利葉 | Eucalyptus | 白胡椒 | White Pepper | 杏桃果醬 | Apricot Jam | 玫瑰水 | Rose Water | 柳橙皮 | Orange Peel |
| 巴西栗 | Brazil Nut | 白桃 | White Peach | 杏桃乾 | Dried Apricot | 玫瑰果 | Rose Hip | 柳橙表皮 | Orange Zest |
| 巴西莓 | Açaí Berry | 白堊 | Chalk | 杜松 | Juniper | 玫瑰花瓣 | Rose Petal | 洋甘菊 | Chamomile |
| 巴薩米克醋 | Balsamic | 白堊灰 | Chalk Dust | 杜松子 | Juniper Berry | 芝麻葉 | Arugula | 洋茴香 | Anise |
| 日本柚子／香檸 | Yuzu | 白櫻桃 | White Cherry | 沙塵 | Desert Dust | 芥末籽 | Mustard Seed | 洋茴香籽 | Aniseed |
| 日式照燒 | Teriyaki | 皮革 | Leather | 牡丹 | Peony | 芫荽 | Coriander | 洋菇 | Mushroom |
| 月桂葉 | Bay Leaf | 石油 | Petroleum | 芒果 | Mango | 芭樂 | Guava | 洋菇清湯 | Mushroom Broth |
| 木工清漆 | Wood Varnish | 石榴 | Pomegranate | 芒果乾 | Dried Mango | 花卉 | Floral | 派皮 | Pie Crust |
| 木瓜 | Papaya | 石墨 | Graphite | 豆苗 | Pea Shoot | 花生 | Peanut | 派對雞尾酒 | Punch |
| 木耳 | Wood Ear | 全麥蘇打餅乾 | Graham Cracker | 豆蔻 | Nutmeg | 花生殼 | Peanut Shell | 炸物 | Fried Food |
| 木炭 | Charcoal | 印度甜酸醬 | Chutney | 豆蔻皮 | Mace | 花生糖 | Peanut Brittle | 盆栽土 | Potting Soil |
| 木桶 | Oak | 多香果 | Allspice | 貝殼 | Seashell | 花崗岩粉 | Granite Dust | 研磨咖啡粉 | Ground Coffee |
| 木槿 | Hibiscus | 汗濕的馬鞍 | Sweaty Saddle | 乳脂軟糖 | Fudge | 芹菜 | Celery | 紅甘草 | Red Licorice |
| 水果蛋糕 | Fruit Cake | 灰燼 | Ash | 乳菇 | Candy-Cap Mushroom | 金合歡 | Acacia | 紅肉葡萄柚 | Pink Grapefruit |
| 水果軟糖捲 | Fruit Roll-Up | 百合 | Lily | 亞洲梨 | Asian Pear | 金銀花 | Honeysuckle | 紅色水果 | Red Fruit |
| 水果雞尾酒 | Fruit Punch | 百里香 | Thyme | 刺槐 | Carob | 阿勒坡辣椒粉 | Aleppo Pepper | 紅色漿果果醬 | Red-Berry Jam |
| 火成岩 | Volcanic Rock | 百花香 | Potpourri | 咀嚼菸草 | Chewing Tobacco | 雨氣 | Petrichor | 紅李 | Red Plum |
| 火龍果 | Dragon Fruit | 百香果 | Passion Fruit | 咖哩香料 | Curry Spices | 青木瓜 | Green Papaya | 紅胡椒粒 | Pink Peppercorn |
| 火龍果乾 | Dried Dragon Fruit | 羊毛脂 | Lanolin | 咖啡 | Coffee | 青西洋梨 | Green Pear | 紅粉佳人蘋果 | Pink Lady Apple |
| 牛奶巧克力 | Milk Chocolate | 肉桂 | Cinnamon | 奇異果 | Kiwi | 青杏仁 | Green Almond | 紅茶 | Black Tea |
| 牛肉清湯 | Beef Broth | 血橙 | Blood Orange | 帕瑪森起士 | Parmesan Cheese | | | 紅甜椒 | Red Bell Pepper |

品種、風味、地區譯名對照表

## 地區譯名對照表

味、地區譯名對照表

| | |
|---|---|
| 伯恩 | Beaune |
| 伯恩丘 | Côte de Beaune |
| 利布恩 | Libourne |
| 貝沙克－雷奧良 | Pessac-Léognan |
| 里昂 | Lyon |
| 亞維農 | Avignon |
| 兩海之間 | Entre-Deux-Mers |
| 居宏頌 | Jurançon |
| 波爾多 | Bordeaux |
| 阿爾薩斯 | Alsace |
| 南特 | Nantes |
| 科西嘉島 | Corsica |
| 夏布利 | Chablis |
| 恭得里奧 | Condrieu |
| 朗貢 | Langon |
| 格拉夫 | Graves |
| 索甸 | Sauternes |
| 馬貢 | Mâcon |
| 馬賽 | Marseille |
| 高比耶 | Corbières |
| 教皇新堡 | Châteauneuf-du-Pape |
| 梅多克 | Médoc |
| 梧雷 | Vouvray |
| 梭密爾 | Saumur |
| 第戎 | Dijon |
| 紹恩河 | Saône River |
| 揚河 | Yonne River |
| 普瓦圖－夏朗德 | Poitou-Charentes |
| 普羅旺斯 | Provence |
| 隆河 | Rhône River |
| 隆河谷地 | Rhone Valley |
| 隆格多克－胡西雍 | Languedoc-Roussillon |
| 塔維爾 | Tavel |
| 聖愛美濃 | St-Émilion |
| 漢斯 | Reims |
| 蒙貝利耶 | Montpellier |
| 蒙路易 | Montlouis |
| 蜜思卡得 | Muscadet |
| 橘城 | Orange |
| 薄酒來 | Beaujolais |
| 羅亞爾河谷地 | Loire Valley |

### 波多黎各
| | |
|---|---|
| 聖胡安 | San Juan |

### 阿根廷
| | |
|---|---|
| 土庫曼 | Tucumán |
| 內烏肯 | Neuquen |
| 巴塔哥尼亞 | Patagonia |
| 卡塔馬卡 | Catamarca |
| 布宜諾斯艾利斯 | Buenos Aires |
| 沙爾塔 | Salta |
| 門多薩 | Mendoza |
| 略哈 | La Rioja |
| 聖胡安 | San Juan |

### 澳洲
| | |
|---|---|
| 巴羅沙谷地 | Barossa Valley |
| 艾登谷地 | Eden Valley |
| 伯斯 | Perth |
| 克雷兒谷地 | Clare Valley |
| 塔斯馬尼亞 | Tasmania |
| 維多利亞 | Victoria |

### 南非
| | |
|---|---|
| 伍斯特 | Worcester |
| 艾爾金 | Elgin |
| 伯瑞德克魯夫 | Breedekloof |
| 克萊卡魯 | Klein Karoo |
| 沃克灣 | Walker Bay |
| 帕爾 | Paarl |
| 喬治城 | George |
| 斯瓦特蘭 | Swartland |
| 馬梅斯伯里 | Malmesbury |
| 斯泰倫博斯 | Stellenbosch |
| 法國角 | Franschhoek |
| 開普敦 | Cape Town |
| 奧利凡茲河谷 | Olifants River Valley |
| 橘河谷 | Orange River Valley |
| 羅伯遜 | Robertson |

### 美國
| | |
|---|---|
| 丹佛 | Denver |
| 內華達州 | Nevada |
| 尤金 | Eugene |
| 加州 | California |
| 瓦拉瓦拉 | Walla Walla |
| 西雅圖 | Seattle |
| 克里夫蘭 | Cleveland |
| 亞特蘭大 | Atlanta |
| 亞基瑪 | Yakima |
| 亞基瑪河 | Yakima River |
| 帕索羅伯斯 | Paso Robles |
| 波士頓 | Boston |
| 波特蘭 | Portland |
| 芝加哥 | Chicago |
| 門多西諾 | Mendocino |
| 門多西諾郡 | Mendocino County |
| 阿布奎基 | Albuquerque |
| 威廉梅特河 | Willamette River |
| 洛代 | Lodi |
| 洛杉磯 | Los Angeles |
| 美德福 | Medford |
| 哥倫比亞谷地 | Columbia Valley |
| 哥倫比亞河 | Columbia River |
| 夏洛特 | Charlotte |
| 那帕 | Napa |
| 紐約 | New York |
| 紐約市 | New York City |
| 索諾瑪 | Sonoma |
| 蛇河 | Snake River |
| 傑克遜維爾 | Jacksonville |
| 華盛頓州 | Washington State |
| 華盛頓特區 | Washington, DC |
| 費城 | Philadelphia |
| 塞冷 | Salem |
| 奧勒岡 | Oregon |
| 聖瓦金河 | San Joaquin River |
| 聖荷西 | San Jose |
| 聖塔巴巴拉 | Santa Barbara |
| 聖路易斯－歐比斯波 | San Luis Obispo |
| 達拉斯 | Dallas |
| 雷克郡 | Lake County |
| 蒙特雷 | Monterey |
| 鳳凰城 | Phoenix |
| 謝拉山麓 | Sierra Foothills |
| 邁阿密 | Miami |
| 獵人谷 | Hunter Valley |
| 舊金山 | San Francisco |
| 羅斯堡 | Roseburg |

### 紐西蘭
| | |
|---|---|
| 中奧塔哥 | Central Otago |
| 北島 | Northland |
| 尼爾遜 | Nelson |
| 吉斯本 | Gisborne |
| 坎特伯里 | Canterbury |
| 威帕拉谷 | Waipara Valley |
| 威卡托 | Waikato |
| 普倫提灣區 | Bay of Plenty |
| 威靈頓 | Wellington |
| 皇后鎮 | Queenstown |
| 馬爾堡 | Marlborough |
| 基督城 | Christchurch |
| 奧克蘭 | Auckland |
| 霍克斯灣 | Hawke's Bay |
| 懷拉拉帕 | Wairarapa |

### 智利
| | |
|---|---|
| 瓦爾帕萊索 | Valparaiso |
| 拉塞雷納 | la Serena |
| 科皮亞波 | Copiapó |
| 特木科 | Temuco |
| 康塞普森 | Concepción |
| 塔爾卡 | Talca |
| 奧索爾諾 | Osorno |
| 聖地牙哥 | Santiago |
| 蘭卡瓜 | Rancagua |

### 奧地利
| | |
|---|---|
| 艾森斯塔特 | Eisenstadt |
| 林茲 | Linz |
| 維也納 | Vienna |

### 葡萄牙
| | |
|---|---|
| 斗羅河谷 | Douro Valley |
| 布拉加 | Braga |
| 米紐 | Minho |
| 西斯特 | Terras de Cister |
| 貝拉 | Beira Iinterior |
| 貝拉亞特蘭提科 | Beira Atlântico |
| 里斯本 | Lisboa |
| 波爾圖 | Porto |
| 阿加夫 | Algarve |
| 阿連特如 | Alentejo |
| 唐 | Dão |
| 特如 | Tejo/Ribatejo |
| 特蘭斯蒙塔 | Transmontano |
| 馬德拉 | Madeira |
| 塞圖巴爾 | Setúbal |

### 德國
| | |
|---|---|
| 中萊茵 | Mittelrhein |
| 巴登 | Baden |
| 那赫 | Nahe |
| 法茲 | Pfalz |
| 法蘭肯 | Franken |
| 阿爾 | Ahr |
| 曼海姆 | Mannheim |
| 符騰堡 | Württemberg |
| 斯圖加特 | Stuttgart |
| 萊茵高 | Rheingau |
| 萊茵黑森 | Rheinhessen |
| 黑森山道 | Hessische bergstrasse |
| 摩塞爾 | Mosel |
| 薩克森 | Sachsen |
| 薩勒－溫斯圖特 | Saale-Unstrut |

### 義大利
| | |
|---|---|
| 上阿第杰 | Alto Adige |
| 巴西里卡達 | Basilicata |
| 巴里 | Bari |
| 巴勒摩 | Palermo |
| 比薩 | Pisa |
| 卡利亞里 | Cagliari |
| 卡拉布里亞 | Calabria |
| 弗里尤利 | Friuli |
| 弗里尤利－維內奇朱利亞 | Friuli-Venezia Giulia |
| 皮蒙 | Piedmont |
| 托斯卡尼 | Tuscany |
| 米蘭 | Milan |
| 艾米里亞－羅馬涅 | Emilia-Romagna |
| 西西里 | Sicily |
| 佛羅倫斯 | Florence |
| 利古里亞 | Liguria |
| 利佛諾 | Livorno |
| 坎帕尼亞 | Campania |
| 杜林 | Turin |
| 那不勒斯 | Naples |
| 奇揚替 | Chianti |
| 拉齊奧 | Lazio |
| 波隆那 | Bologna |
| 阿布魯佐 | Abruzzo |
| 阿斯堤 | Asti |
| 阿雷索 | Arezzo |
| 威尼斯 | Venice |
| 倫巴底 | Lombardy |
| 格洛瑟托 | Grosseto |
| 翁布里亞 | Umbria |
| 馬給 | Marche |
| 馬薩－卡拉拉 | Massa-Carrara |
| 唯利內多 | Veneto |
| 曼都利亞 | Manduria |
| 莫里塞 | Molise |
| 普利亞 | Puglia |
| 奧斯塔谷 | Valle d'Aosta |
| 維羅那 | Verona |
| 熱那亞 | Genoa |
| 盧加 | Lucca |
| 錫耶納 | Siena |
| 薩丁尼亞島 | Sardegna |
| 薩丁尼亞島 | Sardinia |
| 羅馬 | Rome |
| 鐵恩提諾－上阿第杰 | Trentino-Alto Adige |
| 鐵恩提諾－上阿第杰 | Trento-Alto Adige |

| | |
|---|---|
| 摩爾多瓦 | Moldova |
| 愛奧尼亞海 | Ionian Sea |